PEACE, POWER & PLENTY

Orison Marden

心态决定人生

〔美〕奥里森·马登 著

李凌静　白联磊 译

北京理工大学出版社
BEIJING INSTITUTE OF TECHNOLOGY PRESS

目　录

前　言

人类从未像如今这样清晰地看到在现代文明社会中由正确的思考能力所带来的巨大潜能性。

注重抽象思辨的学院正以各式各样的名号出现于文明世界的各处。人们对神圣的真理、乐观仁爱的福音以及有关幸福与智慧的哲学都还所知甚少。但上述这些恰是改善和提升整个人类生存处境的关键所在。

对人的观念世界的革新带来的是对人的思维、品格、身体、成就等方面的促进，而这些方面的发展正是促使全世界欣欣向荣的必要环节。

我们都已经意识到有一种力量将我们与那赋予生命以无限性的神性紧密相连，但还并不确信这种力量的来源。

我们发现这一来自生命体的巨大能量可以最终带来使所有人获得新生的福音，它促使世界更加和谐，更加美好。

简单地说，这些新生的哲学准则声称可以使人们的生活远离平庸和失序从而令生命更加有意义。本书的目的就在于告诉人们如何把握这些准则以及如何在每个人的日常生活中实施这些准则。

一种日渐为人们所接受的信念是："上帝不需要人类去弥补他的过失。"我们只应在自己力所能及的范围内做自己所能进行的努力。

我们正在发掘那些真正可以用来指导我们生存的“神圣原则”，它是对于我们的生命而言的真理，我们由它所创造、更新、完善，我们的创伤由它来治愈。

我们日渐了解到，存在着有关每个人的健康的不朽原则。只要我们遵循这一原则，它便会治愈我们所有的创伤，安抚人类所有的痛苦。

作者试图告诉我们：个体从本质上而言是精神的实体，肉体的状态由精神状态所决定。是疾病还是健康，是快乐还是伤悲，是青春还是衰老，是仁爱还是冷漠，这些都取决于我们控制自己的精神过程的程度。作者向我们展现了人类应当如何通过完善思想来改善身体状况以及如何通过改变思想来改变个人的品格。

本书教导我们：人类不必成为环境的受难者，而是可以成为他的主宰者；没有那种能决定一个人的生活、目标的外在的命运安排；每个人都可以创造他自己的生存环境。对付贫困、疾病和不幸的最好的办法是回到那与无限的生命之源紧密相关的意识中去——那无限的生命之源同时也是富足、健康以及和谐的源头。这种意识与赋予生命以无限性的造物主相连，它是所有安宁、力量和富足的秘密所在。

本书着重强调与无限生命相关的人的个体性，道明了一条真理：一旦个人充分认识到他与充满着无限生机的普遍世界有着不可分割的关系，他将不再会感到匮乏及贫困。

本书向我们展现了一个人如何能够坚守在自己的精神大门之外从而防止外敌的入侵。对他而言，他只接受与他相似的思想，只认可可以带来快乐和富足的思想。他会将所有可能招致失序、痛苦和失败的想法统统挡在门外。

本书教导我们：“你的理念决定着你最终的成就”“思想是命运

的别名”。它告诉我们：可以通过思考来远离失序、疾病、黑暗、仇恨、贫困和失败；可以通过思考来达到和睦、健康、光明、仁爱、富足和成功。

一个人要想提升自己，必先要提升他的思想。当我们学会把握思想的习惯，能够保持精神的敞开状态时，我们就知晓了人类的福祉。那将预示着一个人类崭新时代的到来。

O. S. M.

1909年1月

第一章

迫使身体运行的精神力量

当思想改变时，命运便随之改变。当思维习惯与欲求取得一致时，我们就可以成为我们想成为的那样，可以去做我们愿去做的。

“决定最终命运的因素潜在于我们自身，我们自己才是那真正的决定者。”

早在亨利·欧文去世之前，医生就警告他不能再参演戏剧《马铃之声》，因为那样对他的心脏刺激太大。在许多年里对亨利的人生起重要作用的爱伦·特里在自传中提到他：

每次听到马铃声响，他心跳的速度几乎要让他丧命。有时即使铃没响，他的脸色也会变得惨白。这就是想象力在身体上发挥的作用。他在戏中扮演的马提亚（一个强健男人）之死，不同于他在其他所有戏剧中的死亡方式。他确实几乎死掉了——他想象着在这样恐怖紧张气氛中的死亡。他眼睛向上翻着，脸色灰白，四肢冰冷。

毫无疑问，亨利没有理睬伍尔弗汉普顿医生起初对他的告诫，在布拉福德演出了《马铃之声》后，他的心脏的确难以承受巨大的负荷。最终，在最后一次演出“马提亚之死”那天，亨利离开了人世。

去世当晚，医生认定他死于整场演出过程。巨大的工作热情和观众们的热烈支持给了他过多的鼓励和刺激，以致他最终死亡。

对于演员来说，他们都有着一种非常普遍的体验，那就是对演出的热情和来自观众的反应的刺激往往使他们忘却病痛，甚至使原有的疾病治愈。

据爱德华·H.萨森说，他一站上舞台就会感受到大脑活跃性的大幅度提升，并且这种感觉是与身体的兴奋同时产生的。萨森说："甚至我所呼吸的空气都是让人激动万分的。疲惫被抛在舞台之外。当我演出时我会忘记所有病痛，否则，我老早就在接受医治了。"著名演讲家、杰出的牧师和优秀的歌手都有过类似的体验。

这种不论演员是否喜欢都可以激发他最大能量的"必须"足以战胜和克服一般的病痛。不知怎么的，当我们感到很多努力都不可能成功时，当危机出现、灾难降临时，当不得不做某事时，我们体内会有一种力量出来响应这些需求从而使我们获得拯救，使我们做成原先不可能做成的事。

很少见到歌手或演员自愿放弃演出，哪怕只是一个晚上。但当他们真的下班或休假时，就很容易生病或感到不适。他们大都认为自己生不起病。一个演员说过："我们之所以不生病是因为它实在太奢侈了，我们负担不起。对我们而言，不生病是一种'必须'的情况。虽然一旦我回到家或一个人待着的时候，我也会很容易像别人那样感受身体不舒服，但我事实上从没有那样过，因为对我而言那是不必要的。说意志力是最好的补药的人绝不是信口开河，对此，从事戏剧工作的人都深信不疑。"

我认识一个长期受风湿症困扰的演员，即便是用手杖，让他走完从旅馆到剧院的仅仅两条街的路程都是异常困难的。然而，他一听到自己的演出信号，就会完全忘记身上先前的病痛、满怀激情且非常轻松地走上舞台。强大的表演欲使他在整个演出中彻底忽视了身上的疼痛。疼痛被另外的思想和激情所掩盖，但仅仅是暂时的。演出一结束，他又会回到原先的状态。

格兰特将军在托克斯时正患有严重的风湿病，但当他得知对手升起了休战旗准备投降时，极度的兴奋竟然使他完全忘记了疼痛，尽管只是那么一小会儿。

旧金山大地震的消息刺激好了一个因患麻痹症而跛行了近十五年的人。还有很多人也在被一些突如其来的消息刺激后痊愈了。许多长期不能行动，甚至不能自理的人在危险来临、形势严峻时竟能够表现得如同特洛伊一般将孩子和生活用品转移到安全的地方去。

除非尝试，否则我们不会知道自己的承受力有多强。许多感情脆弱的母亲认为如果孩子死了她自己也活不下去了，但当她埋葬了她的丈夫和家庭最后一个成员，当她知道家里已经没有一分钱时，她依然有勇气承受这所有的一切，像从前一样生活。必要时，我们内心深处的力量会被激发出来。

胆小的女孩常常会在想到一些致命事件时被吓得发抖，但她却有胆量毫无怨言地在必要时穿越黑暗的深谷。我们需要用坚强的毅力来面对各种各样不可避免的危险。敏感脆弱的女人们会在深知手术可能置她于死地的情况下毅然怀着巨大的勇气走上手术台。但同样这些人也有可能在突如其来的危险面前支持不住以致崩溃，因为她们不知道将面对的到底是怎样的危机，危险始终是不确定的。不确定性使我们的想象力容易受制于恐惧感从而最终使我们变得怯懦。

通常情况下一个人难以忍受针刺的痛苦，也很少能够在不用麻醉剂的情况下拔牙或动手术。然而，当他在远离文明世界的地方意外被砍伤时，他便能够忍受那种在家时无法忍受的痛苦，并非不再畏惧。

我见过许多在战火中牺牲的坚强的人们，他们面对死亡时没有流露过丝毫的恐惧。有一种内在于我们的力量，它使我们在灾难面前相互团结,使我们能战胜任何危险。这种力量就是我们内在的神性。勇敢的消防员即使发现逃生工具毁坏也决不会退缩。最后的绳索已经烧毁，最后的梯子也化为灰烬，而他们依然坚守在燃烧着火焰的

100米高的塔顶。即便是塔顶燃起熊熊大火，他们也不会有一丝一毫的退却和畏惧。

据说在南达科他州黑山地区的枯木镇，在电话、铁路和电报通信还没有建立之前，人们不得不走上百里的路去看病。因此，看病的代价远远超出了一般人所能够承受的。于是那里的人们学会了自我依赖，除非遇到很大的危险，他们不会去看医生。有很多的大家庭竟然从没有请过医生。当我问他们有没有生过病时，他们说："我们从不生病，因为我们必须健康。我们看不起病，并且即使赶那么远的路去看医生，生病的人也很有可能早就死在途中了。"

最为不幸的是，那种我们称之为"更高文明"的东西恰恰打击了我们对自身的疾病抵抗力的信心。大城市的居民为生病作了许多准备，对疾病有各种各样的期待，最后终于也得病了。只需走一两条街就可以去看病，街头就有药店。一切都很方便。他们习惯于得了一点点小毛病就要去看病吃药，这样一来，他们越来越依赖外在的帮助而日渐缺少自身对疾病的控制力。

在未开化的时代，村镇几乎没有医生，但居民非常强壮、健康且独立，他们的疾病抵抗力极强。

许多家庭让孩子养成了看病的习惯，毫无疑问，这极不利于孩子的生理健康。很多母亲不论孩子得了大病小病都要请医生去看一看。这样一来，孩子满脑子都是疾病、医生和药物的图像，这会影响他的一生。

一个把孩子和任何药物都划清界限的时代即将到来。只要孩子是在充满仁爱、真理和协调的思想中被培养出来，只要他们学会如何正确思考，医生和药物就都是多余的。

近十年来，数以千计的家庭没有再接受医生的治疗，没有再碰任何药物。毫无疑问的是，那种相信需要有人来拯救我们的信念已经成为过去，新的时代很快会到来。造物主不可能使人类的健康、幸福和福利仅仅受制于距离医生的远近程度。他不会将他最伟大的造物（人类）置于残酷的命运之中，不会期望人类的生命、健康和幸福都需要通过治愈疾病来实现，不会使得人类的福祉需要依赖于可能存在的治愈病症的药方。

最明智的做法是相信治愈疾病的良方存在于每个人自己的精神之中。那是一种潜在的力量，一种不竭的生命动力。对于每个个体而言，那也是健康的不朽原则，它会成为治愈世上所有痛苦的良药。

在必须出席某一重要场合时生病是极为罕见的现象，也极少有女性（即便是身体虚弱者）会在被邀出席王室庆典或白宫活动时出现不适。

当慢性残疾人得到充分信任时，他们的毛病的确会得到治愈。由于亲人的离世、财富的流失以及其他一些灾难，他们被迫从隐居生活中走到公众面前，迫使他们无法再思考自身，无法再去沉湎于自身的困扰和病症。就是这样，病症消失了！

相比很多年前去世的人，今天有数以千计的女性之所以不健康，是因为她们没有从对疾病的过多担心中摆脱出来。如果她们能够把足够的精力投入到为需要的人排忧解难方面，她们的健康状况会好很多。

对于大多数人而言，只要他们付得起药费就有理由病倒在床。但是养家糊口的压力迫使他们停不下来，不管他们喜欢与否，都必须坚持工作。

“必须”是一种神奇的力量，在我们深陷绝望，在所有外部援助被切断时，我们可以依靠它来唤起内在的潜力去摆脱厄运。

世界上许多杰出的成就都来自这种“必须”的推动。必要性是无价之宝，它促使人们去创造令人难以置信的奇迹。每个人都会感到内在有种迫使他永远改善的推动力，不论他甘愿与否，这种力量将他与自身的使命紧密相连。

这就是一直说的“必须”，它监视着我们的进程，激励和促使我们前行，给予我们足够的意志力去克服困难、忍受不幸。并且，当我们甘于平庸、想偷懒时，它会迫使我们不得不辛勤劳作。

第二章

贫困——精神缺陷

对贫困而言，最糟糕的是思想贫困。那是一种坚信自己是穷人并将永远承受穷困这一宿命的想法。持有这种想法会让我们始终在穷困状况中挣扎。

穷困对任何人类社会来说都是一种反常现象。它有悖于上帝对人类的神性的承诺和预言。上帝不会允许人类成为穷人、苦工和奴隶。

在人类的组成结构中，没有任何迹象显示他会生来就贫困。在上帝对人类的规划中，几乎没有让他永久穷困的设想。

当人类感到自身无时无刻不受到来自环境的限制时，他就无法发挥自身最大的潜力。

那些始终与饥饿斗争的穷人不会是独立自主的。他们无法安排好自己的生活。大多数时候，他们无法表达自己的见解，甚至不会有什么个人的想法。这些人通常住不起得体、整洁的房子。

极端穷困的人常常是一些思想狭隘，缺少理想和抱负的人。对他们来说，几乎没有什么期望和快乐可言。这些不良情绪会产生很坏的影响，会使人们彼此之间不再相爱。

处于极度贫困中的人很难成为真正意义上的人。当来自债务的担忧和窘迫感逼着你去为挣哪怕是一美元而辛劳时，你就不可能再继续保持你所谓的高贵和自尊。然而，少了它们便无法看到更广阔的生活前景。有些极为罕见的高尚的灵魂做到了在穷困中依然保有自尊，他们在艰难困苦中仍然高贵地活着。世界不会忘记这些人。更多的人在贫困中极速堕落。

我们随处可见掩藏得很好的贫穷，那些隐藏着的欲望每天都显现在我们的脸上。在绝望的、过早衰老的脸上，在缺少童年并被认为生来就注定贫困的孩童的脸上，可以看到，青春的活力被遮挡，远大的理想被削弱，杰出的才华被埋没。

贫困通常是祸不是福，称赞它的美德的人最终都要承受它所导致的艰辛。我希望可以让每个年轻人都惧怕它，令他认识到穷困是多么可耻和糟糕的事。

然而，不可避免的贫困并不可耻。我们尊重那些因疾病和突发的灾难而陷于贫穷状态的人。真正可耻的是没有尽力去改善自身窘迫处境的人。

我们谴责的是那些可以避免的贫困。它由懒惰、缺少必要的努力、错误的思考以及其他一些可以克服的原因所致。

每个人都应为那本可以避免的贫困而感到羞愧。不但是因为那种反映他自身能力不足的贫困会使别人轻视他，而且因为这种贫困甚至会让他瞧不起自己。

如今对很多穷人来说，最大的困难是他们没有信心可以战胜贫困。他们满耳都是关于穷人缺少机会的言论，以至于认定只能通过为其他人努力工作才能挣到钱。他们听到太多对富人的苛刻和贪婪的评价，以至于他们日益失去对自己解决问题能力的信心，变得越来越沮丧。

我未曾忽视许多富人的冷漠和刻薄，也知道道德败坏的政客和财阀制造了不公和严酷的形势。但我还是想告诉穷人们：尽管如此，大多数穷人还是可以改善他们的艰难处境，他们依然有希望。事实上，只要你认为自己终可以战胜困难，那么你年复一年的努力一定会有成果。

当一个人失去自信时，成功会离他越来越远，生活也会变得异常艰辛。他不再有抱负，不再精力充沛，不再注重外表，不再勤奋工作。他开始做事马虎、不修边幅、草草了事。渐渐地，他变得越来越穷。

正是因为无法像那些富裕的邻居那样衣着得体、生活舒适，穷人们会慢慢变得很不自信，也不再尽力去做事。

他们总是不尽最大的努力去改变，也没有用最大的能量去尝试摆脱穷困。试图与不幸的处境和解只能削弱自己的能力，那是一种反常状况，是应该去努力摆脱的处境。

思想上的穷困比穷困本身更可怕。思想穷困表现为一种信念：我们很穷，贫穷是我们的宿命。那种精神态度只会导致安于穷困的处境、不做任何有力的抵抗。

这就是选择了错误的方向，磨灭了抱负，使自己陷入黑暗和绝望。一旦你被卷入贫困的氛围，养成穷人式的思想，你就被限制住了。

当你按乞丐的方式去思考时，你就只能是乞丐；当你按穷人的方式去思考时，就只能成为穷人；当你以失败者的方式去思考时，你只能是个失败者。

如果你惧怕穷困，如果你常为老年可能到来的贫穷而担忧，那么它就很有可能会到来。因为持久的担忧会削弱你的勇气，动摇你的信心，使你无法摆脱困难处境。

磁铁一定会真实地对待自身，它只吸引和它类似的东西。人类在这个世界上用以吸引外界的只能是他的精神，精神恰如思想。当精神被恐惧、贫穷的想法占据时，不论他多努力都会将贫困吸引到他身边。

你走在所面向的路途上。如果你一直面向穷困，你将不可能再期待富足。当你的每一步都走在面向失败的路上时，你将不可能再期待获得成功。

如果我们可以在内心战胜贫困，那就迟早可以战胜外在的贫困，因为当我们改变精神状态时，生存状态也会发生相应的改变。

贫困的思想使我们始终陷于贫困的折磨，穷人式的思考、言论和生活方式都使精神变得贫困。精神的贫困正是最严重的贫困。

除非精神状态指向富足，否则我们不可能富裕起来。只要我们想着绝望的处境，我们就不可能快乐。

一直为穷困而担忧、总是考虑失败和厄运的人不可能富裕。

我认识一个几年前刚从耶鲁毕业的年轻人，他是一个肩膀宽阔、精力充沛的年轻小伙子。他说自己甚至连买帽子的钱都没有，如果不是他父亲每周给他五美元，他只能挨饿。

这个年轻人就是穷困思想的受害者。他说他不相信自己会有任何成功的机会。他已经尝试过很多次但都以失败而告终。他说对自己的能力毫无信心，他认为自己接受的教育是失败的，他已经不再有信心可以获得成功。因此他做事没有定性，忽冷忽热，忽左忽右，成为一个穷困、毫无建树的人。这些都是由他的精神状态造成的，因为他没找到正确的方向。

要想获得成功，就必须远离疑虑。只要怀疑还存在于你与你的目标之间，它终会成为一个障碍。你必须怀有信念。没有一个认为自己不行的人有可能赚到大钱。那种“我不行”的论调已经迷惑了太多人。自信是打开供给之门的神秘钥匙。

我从没听说过整天把事业的不顺挂在嘴边的人会取得成功。轻视和轻言对成功来说是致命的。

上帝早已要求人类多向上而非向下看，多攀登少屈膝。绝没有任何旨意要求人类陷于贫困、痛苦和悲伤的境地。

一个有着杰出才华且在事业上有重要建树的年轻人最近和我讲了他的经历。他曾有很长一段时间非常穷，于是他下定决心摆脱穷困。

在他看来，穷困成了一种精神缺陷。他通过每天暗示自己可以很富裕、很有才能来培养自己相信自己可以成为对社会有用的人的信念。他一直努力将穷困的思想赶出大脑，因为那些对他一点好处也没有。

他不允许自己考虑任何可能的失败，他将目光转向成功的目标，试着永远抛弃会穷困和失败的想法。据他说这种积极的心理暗示的效果是惊人的。

他说曾想尽办法节省开支——吃过最便宜的食物，即使要走上几公里也舍不得坐公交车。在新动力的促使下他完全改变了以前的习惯。他会去高档的餐厅、住舒适的房子，会以各种方式去结识文化人，会和可以帮助他的上层人物搞好关系。他发现越是自由自在地表现自己，事情就会变得越为顺利。他总结道，正是原先那种什么都舍不得的想法阻碍了他的发展。

他说尽管现在已经生活得非常好，但所有的开销比起他的收入来说是微不足道的。而他所得的一切都来自通过改变精神状态而带来的思想的开放。

只知道吝啬和节省的人是挣不来钱的。拥有开放、自由的心态才是挣钱的关键。

最终成功的都是那些充满希望、心情愉快的人。乐观促成功业，悲观扼杀成就。

乐观是伟大的创造者，它是希望和生命，是一种富有创造力和喜悦感的精神态度。

悲观是巨大的破坏者，它是绝望和死亡。即便损失财富、健康，甚至是名誉，只要对自身还有坚定的信念，只要继续向前看，他就永远是有希望改变的。

一旦开始怀疑和气馁，你就会失败。你必须保持富有创造力的精神状态才有可能远离贫困。因此，你需要自信、乐观、创造性地去思考。思考的方式决定着你的成就。你必须首先能预见未来的美好生活。

一个走错了方向以致穷困潦倒的人，一个坚信自己不会再有机会的人，是不可能重新站起来的。只有在意识到扭转思维方式的重要性时，他才可能有新的开始。

我认识一家人，他们正是通过改变精神状态而彻底逆转了生活处境。他们一度生活得异常艰辛、心情沮丧。他们觉得成功是别人的事，和他们不会有什么关系。他们认定自己注定了贫困。他们的周围充满了失败和颓废的氛围。房子没有粉刷，地上没有地毯，墙上没有贴画，整个房间毫无舒适和温馨可言。房子阴暗、潮湿，所有家庭成员看着都像是失败者。所有一切都让人感到绝望。

有一天，母亲看到一则消息，上面说贫困很大程度上是一种精神缺陷。之后，母亲立即决定改变思维习惯，渐渐地去除那些让人沮丧的想法。她为自己设定了积极明快的生活态度，暗示自己生活是非常有意义的。

不久，丈夫和孩子都被她的快乐情绪传染，很快全家都感到轻松愉悦。乐观取代了悲观。丈夫彻底改变了习惯。他穿着整洁，不再衣冠不整、邋邋遢遢。他心态积极、乐观向上。孩子们也以父母为榜样。全家人面貌一新。

结果，“好运”就会随之而来。精神态度的改变、对成功和幸福的向往都反映在父亲的精神状态上，他开始充满希望和信心。这样，他做事的效率越来越高，很快就升了职。他的孩子也是一样。两三年后，全家的处境完全改变了。

要做有抱负的人。想成为成功人士的话就必须先有成功的设想。要想生活富足就必须努力去感受丰裕，去像富人那样思考，去实现富足。你的举止必须自信，要不断强化对抱负的信心直到它最终成为现实。

设想一下一个著名演员要演绎一个精神沮丧、信心全无的人。设想一下他在演出时穿戴寒酸、举止颓废，毫无抱负和对生活的热情，对可以在事业上获得成功、挣到大钱毫无信心。想象他懊恼、畏缩地在舞台上踱步的样子，就仿佛在说："我不相信我能做好那些事，那对我来说太难了！别人已经成功，而我，我不可能成为有钱人，不会过上富裕的生活。好东西似乎都是和我无关的。我只是一个非常普通的人，既没有太多阅历也没有足够自信。我不敢奢望自己成为富人，成为有影响力的人。"看到这些，观众会有怎样的反应呢？他能给人信心、激发人们内心的力量吗？人们会相信像他那样的懦夫能发财吗？难道会有人认为他不是一个失败者吗？难道人们不会嘲笑他的一事无成吗？

假如有一个决心致富的年轻人却一直在展示他的穷困、承认自己缺少挣钱的能力并且告诉所有人他不过是运气太差，你认为他会成为富人吗？对于那些常谈论贫困、思考贫困、生活贫困、想象自己会很穷的人，那些像失败者那样穿着破败、不修边幅的人，他们要多久才能获得成功呢？

我们想谋求某物时的精神态度直接关系到最后能否成功。想有所成就的人必须坚信自己生来就是注定会成功和幸福的，要相信他有一种内在的神性，只要遵从它，他就会理所当然地获得成功。

将所有一切有关贫困和失败的阴影、怀疑、担忧统统从脑海中清除。当你成为自己思想的主宰者，一旦你学会控制你的精神，你会发现许多事情变得非常顺利。对太多的人来说，正是气馁、胆怯、怀疑和缺少自信剥夺了他们享受幸福和拥有财富的权利。

如果所有穷人都摆脱他们的不良心境，能够心怀光明和愉悦；如果他们能摆脱由穷困带来的马马虎虎的生活态度，那么很快他们的生活会发生彻底的改变。

应该教会孩子去期待成功，让他们相信世界上有许多美好的东西在等着他们。接受这种教育的孩子在成年后的生活中会拥有强大的力量。

富裕首先是精神层面上的，在它成为事实之前就被构想着。当一个年轻人想成为医生时，他会尽可能地沉浸在和医学相关的氛围中。他所谈、所读、所学、所想都是与医学相关的，只有如此，他才能被塑造成那样。相反，如果他把自己沉浸在法律的氛围中，就不可以成为一名医生。所以，你要想成功、富足，就必须思考成功，必须像富人那样去思考。

要坚定地拒绝会把你重新带入贫穷中去的力量。去向周围的人展现你的优越性。相信你是环境的主人，你有能力控制它。

将你所有的信心都聚集起来，因为世界上有很多美好的事物等着人们去争取。你不需要伤害其他人就可以享受你应得的部分。你生来就有权利获得杰出的才华和富裕的生活。上帝造你时就把你造得会成功和幸福。所以，你应该下定决心去实现你的命运。

当你认定自己会永远贫困时，你会在贫困面前束手无策，最后只能成为一个失败的人。但当你转而面向另一些事物，成为一个能力突出、独立自主的人时，就没有什么可以挡住你前进的步伐。你会惊喜地发现有种强大的力量开始走进你，伴随着它的是信心、确证和自尊。

摆脱那种对贫困和失败毫无办法的念头，你才很有可能得到你想要的。你要穿着整洁、得体，心态积极，凡事向前看。这样，你会发现体内被注入了一种新的力量，这力量将你引向光明。希望会取代绝望，你会感受那新生的力量流淌过血管、生生不息。

许多人已经意识到这一远离穷困的法宝：在生活中，我们易于把握的不过是那些我们始终向往和热情期待的目标。

第三章 富裕法则

精神使人富足。

——莎士比亚

人类大脑中最坏的念头就是：资源是匮乏的，所以只有大多数人穷困，少数人才能富裕。

最近，我在纽约的办公室里深受这句格言的触动，我们谈到的是富裕的话题。

我自言自语道：“这些人之所以富裕是因为他们期待富足，他们不知道贫困是什么，也不认为他们会缺少任何东西。”坚定不移地向着思想指引的方向去努力是实现理想的最好方法。求得富足的方式就是坚定地将对它的向往植根于内心，要不断地对自己说：“凡属于我父的，也必是属于我的。”“上帝是我的牧者：我不会穷困。”只要这些都是真的（你知道它们是），你生活中的任何匮乏就都是不正常的。

富裕法则的最基本原则便是我们与宇宙的创造力有着不可分割的关联。当我们充分认识到这一关联性时，我们将不会再贫困。贫困是一种与造物主赋予我们的能量相分离的感觉，这种感觉让我们感到无助。

但只要我们还限制着自己的思想，认为自己是宇宙中彼此分离、微不足道和毫无关联的原子；富足和创造力外在于我们，而只奇迹般地属于那些少数的“幸运儿”，那么，我们永远不可能享用生来就有的财富。

这种认为所有美好事物只属于少数人的错误认识究竟来自哪

里？它来自认为富裕和成功不可能属于每一个人的悲观假设，认为必须倾尽全力才能获得为数极少的有利资源。最精明、最深谋远虑、最强健的工人会获得的最多。这一理论对个人和种族的发展、进化是极为有害的。

上帝不会让人类去为有限的资源而争夺，他已经创造了足够多的物资。世上没有什么为人类所渴求、对人类有利的东西是匮乏的。

以我们最需要的食物为例。我们至今不知道美国到底能供应多少粮食。

得克萨斯州可以为每一个人（不论男人、女人还是孩童）提供食物、住所和奢侈品。就服装而言，那里足以为每一个居民供应上好的亚麻布料。我们也不知道到底有多少服饰资源可供采用。对于其他的一些生活必需品、奢侈品而言，情况也大抵如此。我们还只是利用了地球上可用资源的很小一部分。

当捕鲸船驶进新贝德福德港口时，其他港口就无所事事了，因为鲸鱼正在慢慢灭绝。美国人提高了警惕以防陷入某种匮乏的境地，但是油井是我们最丰富的资源。当我们开始怀疑这种能源会不会耗尽时，科学家们发明了电能。

像牛顿这样伟大的科学家仍旧会觉得他们始终在发掘可为人类取之不尽的资源。热力、电力等能量的出现为此带来了更多的可能性。

在食物方面，情况也很类似。大多数农民认为自己在拓宽耕地方面不过是外行。教育和知识正使我们在提高亩产量方面大为进步。但农业整体发展尚不成熟。我们对能从空气中获得多少氮、应如何更新土地等还所知甚少。然而，不论在哪里，科学都会告诉我们资源的丰富性，匮乏的迹象从未出现过。

建筑材料足以让每个人都住上像范德比尔特和罗斯柴尔德那样的大房子。我们理所当然地应该幸福和富有，应该得到足够多想要的东西。我们应该意识到自身当下的力量来源于那个富足的源头，并且，我们可以尽可能去利用那资源。

国王的孩子不应像陷入狼群的羊；继承丰厚遗产的人不应担心日常生活，不应再为欲求不满而苦恼和担忧。人们不应对生存过度担心以至于无法维持生计。

我们生而就应是幸福、快乐和富足的。问题就出在我们总是不相信资源的无限性，总是认为丰富的物资是与自己有关的。换言之，我们没有遵从吸引的法则。我们常常精神过于紧张、自信过少，以至于扼杀了丰富的资源。富裕的法则犹如数学定律，遵从它，你便会享有富足。问题不是出在富裕本身上，而是有太多的人对富裕还持观望态度。

大多数人还相信着竞争的观念，视之为商业活动中的必要原则，并受这一信念的指导："竞争是贸易的生命。"

只要我们意识到自身的局限性从而与无限的供给建立起密切的关系，便不会贫困。

与伟大的力量相分离会使人恐惧，如同孩子被迫与母亲分开。当我们试图了解产生这样疏离感的原因时，会发现是错误的思考束缚了我们。因此，我们应重新与宇宙的神圣的供给法则保持一致。

当我们感受到一种整体性时，我们不再会恐惧和空虚，因为此时正处于富足的中心。

上帝无法想象人类失败和贫困的图景。对他而言，人类的生存景象应是富裕和繁荣的。

许多人活得像在撒哈拉沙漠，只是偶尔感受点儿绿树和花朵，幸运的话再遇到点儿湿地和绿洲。尽管精神状态欠佳——离可能富足的状态还很远，好运偶尔也会到来。

巨大的成就对很多人来说是不可能的，因为他们的精神中充斥着怀疑、担心和恐惧。他们关闭了通向富足的大门。狭隘、枯萎、怀疑和悲观的心灵不可能产生富足。富裕是有创造力的精神的产物。充满怀疑和担心的精神削弱了它自身的能量，使自己沦为一种消极、无创造力的精神状态，它将富足与繁荣排除在外。这种精神状态与富足没有任何关系，所以也不可能将它吸引到身边。

人类当然不想远离机会、财产和丰裕，但他们却始终充满怀疑和胆怯且缺少自信，恰是这些不良的情绪在不知不觉中使他们离成功越来越远。

天哪，怀疑和恐惧使我们成了多穷的人啊！

当精神不在状态时，没有什么智力因素足以吸引财富。

当无法与无限的供给之源保持一致时，生活会变得异常艰辛。我们所有的局限性都存在于精神内部，供给原本就应是富足的。我们之所以极少谈及是因为我们想要的太少，因为我们害怕自己的所求多于应得的。由于那毫无生命力的思想，我们在富足的资源面前依旧只能勉强度日。富裕的生活在那里等着我们，我们却忽视了它的存在。所以，不用说，富裕的泉水源源不绝地从门前流过，我们却只沾到了一丁点儿。

我们天生就不是穷人，但对自己的轻视和不自信使我们成为那样。有一种有关富裕的观念是错误和有害的。这种想法认为富裕只属于身居高位、能力出众、天生好命的人。

与富裕的法则保持一致者都会有美好的前途，而以各种理由不遵从它的人有可能难以生存。

富足的感受可以带来一切。我认识一位女士，她对身边的事物充满了感恩，并且非常善于发现高质量生活的意义，她觉得自己总有一天会很富有。在她那里没有什么事情是平凡的，即使是她所做的最平凡的工作也被赋予了尊严和伟大性。她做事从不焦虑、担心。

她爱所有人，所有人也都爱她。她从不与人结怨，因为她天性阳光。她生活得很富足，因为她毫不怀疑、坚定地相信造物主无穷的恩赐。她是真正富有的人，她会使周围的人同样感到富足。

另外，我们也知道有这样一些人，不论他们多有钱，都不可能成为富足的人。因为他们天生刻薄和胆怯，贪婪和自私使他们的生活不可能再有甜蜜和温馨。

我们须在意识到丰裕之前思考它。若我们一直持有有关贫困、匮乏的想法，就不可能成为富有的人。要想实现富有，就必须持有富有的思想。当我们意识到无须外求即可满足自身时，意识到那止渴的神圣清泉来自我们自身时，我们便不会再感到匮乏，因为我们知道，只需要深入我们内心去获得那取之不尽的资源。问题只出在我们缺少那富足的思想、缺少富有创造力的内在精神世界。

我们这个时代的杰出的成功人士是不会看得到所谓的贫困的。他的精神似乎被构造成只看得到无处不在的富足，他相信自己可以轻易获得财富，对自己的能力从不怀疑。

总之，我们很难摆脱我们所关注的生活。我们如何生活，有怎样的环境、地位和境遇都取决于我们的生活关注点。如果我们关注的是贫困，那我们就很难获得财富；如果我们总认为世界的美好事物是不属于我们的，那就理所当然地得不到它们。但是，如果我们将注意力转向财富和富足；如果我们坚信好东西就是为我们准备的，因为我们是上帝的子民，健康、幸福和富足是我们与生俱来的权利；如果我们对自己的理想有足够清醒的意识，那么，我们的思想、注意力和精神状态将会最终革新我们的处境。

有人一辈子都在渴望幸福，但他们却总看到自己的孤独、无助和不幸。他们总为自己无法获得美好的事物而懊恼。他们的这种思考习惯和关注点就注定了他们没法得到想要的东西。他们只是一直在为其他的一些东西而付出辛劳和期待。

如何学会一辈子生活在无限的富足之中是极为重要的事。多数人将自己的思维局限在贫穷的思想之中，如同笼子里的鹰徒劳地期盼获得自由，我们也无力挣脱自己思想的牢笼。有些人则生而具有一种天性，他们认为自己理应配得上所有的富足、庄严和神圣。他们的精神是创造力的精髓所在，创造对他们而言如同呼吸一般自然。他们是一群不为怀疑、畏惧、胆怯和信心缺乏而阻拦的人。他们具有自信、勇敢和无所畏惧的品格。他们坚信无限的资源会平等地满足每个人的需要。这种丰富、积极的精神状态就是创造力本身。

当我们在花费最后一美元时依旧对富裕的法则深信不疑，如同我们还有几千美元的时候，我们已经把握了这一神圣的法则。

“慈悲成全富足，贪婪助长贫困。”

富裕的清泉不会流进吝啬、胆怯的心田，它必只产生于那些慷慨、开放的精神。换言之，我们的精神态度决定了我们所能得到的。

要努力让自己远离所有一切有关贫穷、匮乏的念头。这会开放你的精神，使之指向伟大的丰裕。

当人类充分意识到上帝是那永不衰退的丰裕之源时，他便获得了新生，他不再把任何贫困和匮乏放在眼里。

上帝的儿女们理应享用生活的高贵和荣耀，总有一天，所有男人都是国王，所有女人都为王后。当人类的大脑逐渐由低级向高级进化，当兽性渐渐被教化驱逐，将不会再有贫穷、奴役和罪恶。当至今还在忧伤的人们将自己提高到超越现今的最高水平的高度时，那个崭新的时代就会到来。然而，如果人类最终无法回归自身，无法回归内在的神性，上帝的期待终要落空。

第四章

品格与健康的塑造——睡眠

不管白天多么烦恼，睡前必须心情平稳、精神安宁。

心理学家告诉我们，活跃或放松的精神过程会持续到夜晚。睡前，意识处于慢慢消退的状态，但思想仍然控制着精神，对它产生影响，直到我们开始变得无意识。

我们还知道，像皱纹以及其他的一些显示年龄的迹象也会出现在睡眠状态中。这说明，睡眠时的精神状态对人的身体有极大的影响。

很多人多年来习惯将白天的忙碌持续到夜晚该睡觉的时候。太多的职业男女由于白天情绪过于激动以至于到晚上大脑也得不到休息。他们常会睡不着，或者把自己搞得筋疲力尽。这些人的注意力完全放在处理公务上，他们不懂得如何去放松、休息，因此他们带着满脑子的公事躺下，仿如骆驼背着货物躺在沙漠里。

结果，他们没有通过睡眠得到很好的放松和恢复，起床时会感到疲惫和苍老。相反，如果他们有高质量的睡眠，他们会感到轻松和精力充沛，会感到对新的一天的工作充满信心和力量。

带着那种疲惫、无序的精神状态入睡将会使他们无法从有限的睡眠中得到益处。这些都说明良好的睡眠对形成健康、高涨的情绪的重要意义。

为睡眠做好精神准备比为它做好身体准备重要得多。精神状态比生理需求更为关键。

首先要做的是从困扰了你一整天的事务中摆脱——清除精神垃圾，把所有的黑暗、挫败和失序感统统转变为明快、信心十足的心情从而为夜晚作准备。

不论在任何情形下，都绝不能允许自己心情沮丧，绝不要让自己的额头有丝毫的皱纹，绝不要在脸上留下困扰的神情。抚平皱纹，赶走打扰你心灵平静的敌人，比如怨恨和嫉妒。把所有妨碍你安静入睡的思想统统赶出你的大脑。

尽管在极度愤怒时会产生对他人的敌意，但你不应该在气消后还有那种敌意，以致无法入睡。你耗不起，因为成本太高。生命太短暂，时间太宝贵，你不可以将它们花费在无意义、有损身心健康的行为上。每天至少要有一段时间能够与周围的世界和谐共处。不能允许那些破坏你幸福的敌人在你睡觉时慢慢腐蚀你的品格。把它们统统抹去！让每天晚上都有一个新的开始。

如果你一直用冲动、愚蠢和恶毒的方式对待他人，如果你用仇恨、嫉妒的态度对待他人，那么，立刻清洁你的精神，让它有个新的开始吧！遵从圣徒保罗的训诫："不要直到太阳落山你的愤怒还未消减。"

如果消除不愉快和痛苦对你来说真的很难，就逼着自己去读些让人精神振奋的好书吧。那会使你不再眉头紧皱，使你心情舒畅，并且能够向你展示生命的神圣和美好。这些都会让你为自己的无病呻吟和狭隘而羞愧。

使你的心灵充满快乐的记忆和对远大前程的向往。只要一想到你想成为的那个人，你就会充满了幸福和力量。牢牢把握你最羡慕的品质，你最向往的人格——渊博、宽厚、深刻、慈爱，这些正是你希望自己能具有的。这些美好生活的画像很快会复制自身，最后反映在你的生活中。

在小小的实践后，你会惊讶地发现竟如此之快地彻底改变了全部精神态度，从而使你在入睡前可以正确地对待生活。

一名杰出的商人最近告诉我，他最大的弱点就是即使在退休后还忍不住操心。由于他每天处在异常活跃的情绪中，要承受高负荷的工作压力，久而久之他的精神就高度紧张和敏感，他的大脑一直运作着，以至于在他睡着后，大脑依然还处在和白天一样的紧张状态。这样，他浪费了太多睡眠，得不到真正的休息，常常第二天感觉精疲力竭。

我劝他养成一种习惯：从走出办公室那一刻起就放下所有和工作有关的事。我说："当你从工作态度回到生活中时就应该改变思想习惯，就如同你会常换换环境、会在晚上回到家后换身衣服再吃饭。把你的注意力转向妻子和孩子，多关心他们的兴趣爱好，多和他们聊天、做游戏，给他们讲一些有趣、休闲的故事。出去散散步、骑骑车，让你的肺里充满新鲜、健康的空气，感受一下大自然的美妙、神奇。再或者拥有某种能让你从工作的紧张状态中摆脱出来、愉悦身心的爱好。做你精神的主人。学会控制它而不是反让它操纵你。

"在你卧室醒目的地方挂上一个大牌子，写上：'别在这里思考！'

"晚上休息时不要再进行任何形式的思考，放松每一块肌肉，使身心不再处于紧张状态。不久你会发现睡意渐渐到来，而你会如同孩童般进入无忧无虑的甜美的梦乡。"

对于所有与他有着相似困扰的人，我都会给他相同的建议，因为他按我的建议去做得很成功。

能够适可而止地不去过多思考，从而让精神获得必要的休息是门伟大的艺术。然而它可以为所有人掌握。

通过思考、阅读或是愉快的社交活动，对每个人而言，他们都可以做到：克服精神的失序和各种各样的敌意，消除脸部和灵魂的每一条皱纹，微笑着进入梦乡。

当你能够以正确的精神状态进入梦乡时，你会在第二天早上惊喜地发现自己竟如此的平静、愉悦和精力充沛，竟可以如此轻松地去迎接新一天的挑战，担忧和焦虑被统统抛在了脑后。

通过良好的睡眠来放松精神的最大的好处在于它可以使精神平

缓和修复，可以使之远离担忧和恐惧，使之与更高贵的思想一致。

坚持调整好精神以获得平静、健康和快乐的睡眠会延长你的青春和寿命。更为重要的是，还可以对你的健康和基本品格的形成产生长远的影响。睡前将所有敌意的、阴暗的想法从大脑中清除，多想想轻松愉快的事物，久而久之，这会改变你的整个生活。

我们开始意识到有一种强大的力量内在于自身，这种潜在的能量在睡眠状态中很容易被激发，尽管那时，客观世界的纷纷扰扰并不真实存在。

我们对自己睡眠中的精神潜意识的活动还所知甚少。

有些言语中表达了许多无意识的观点："我想睡过这一问题。"尽管不清楚其中的玄机，但我们可以发觉通过正确的睡眠很多东西得到了澄清。第二天早上，我们会看到一个不一样的世界。也许有很多困扰我们、使我们睡不着的念头并不来自我们的过度思考，而是存在于我们的潜意识之中。它不但是我们清醒时的困扰，也是我们睡眠中的障碍。

伟大的数学家、科学家和天文学家多次惊讶地发现，许多他们白天无法解答的艰深问题会在睡眠中轻易地获得答案。

毫无疑问，我们许多的道德教育和品格塑造都会在睡眠时的潜意识中得到完成，因为关于这些的心理学基于一种事实：睡眠中，大脑依然在持续运作，并且我们可以真切体会到这种潜意识的神奇力量的指导性。

我认识一些人，他们通过睡前积极的心理暗示而最终创造了奇迹。他们战胜了自己暴躁的性情和其他不良品性，变得坚强、乐观、活力四射。

对于常常感到忧郁的人来说，应该坚持在睡前多想想积极明快、充满希望的事物，这样，他不久就会摆脱那些不幸的念头。

当穷困向我们靠近时，我们应该在睡前坚定地告诉自己：上帝为每个人都准备了丰裕的物资和舒适的生活。抛开贫困的想法，多想想丰裕和富足。随后，潜意识就会将我们带到想要的东西身边。

不论我们有什么缺陷或不足，都应在睡前持续地用相反的方面来暗示自己，如此，我们终会成为自己所期待的那样。坏脾气、嗜酒、自私、欺诈等丑陋和不道德行为会通过这种方式消除。

孩子们尤其适用这种方式，可以称之为“睡眠”疗法。因为精神的潜意识活动在年轻人那里特别活跃，尤其是在陷入无意识中的睡眠的开始状态。

在这个阶段所灌输的理念很容易被孩子们接受，也相比他们清醒时给他讲的道理而更容易被他们遵从，因为当孩子处于潜意识状态时，他无法再试图反抗。

有些很调皮的孩子在接受睡眠治疗后恢复了他们善良的天性。

这种通过心理暗示来治疗婴幼儿疾病的有效方式证明当孩子处于无意识或半清醒状态时，他们的潜意识很容易受到影响。

如果孩子天生胆小、怕“鬼”、怕黑，那么，母亲可以通过在他快睡着时和他聊相关的话题来帮助他克服胆怯。如果孩子生病了，母亲可以和他讲些有关健康和活力的事情。如果他害怕了，就给他些信心和勇气的暗示。

对于成绩落后的孩子来说，对他们进行的成功的暗示会以极有效的方式使他们重建信心和希望。

如果母亲在孩子快入睡时像他醒着时那样教导和劝说他，她会发现比在孩子清醒时对他说那些的效果好得多，因为孩子在清醒时所能做的一些抵抗此时已不存在了，他只能静静地、自然地、毫无疑问地听从母亲的劝说。聪明的母亲在谈话中给孩子各种各样积极的暗示，努力让他们变得友善、无私，不久，她们会发现孩子的性情的确发生了明显的变化。通过在幼小的心灵中注进更美好、崇高的品质：信心、希望、友爱、快乐、勇气、自信和纯粹，她惊人地改变了孩子的性情。

当所有母亲都意识到心理暗示对孩子的品格的形成具有重大指导意义时，一个新的时代就来到了。

尽管还只有少数人才能认识到各类精神暗示的力量，但当新的时代到来时，没有人会再忽视它在人格塑造和扭转生活局面方面的重要作用。

对于那些从未尝试过的人，我相信他们很快就能体会到在睡前进行积极心理暗示的神奇效果。我相信那些通过这种方式获得愉悦和满足的人们，不但在睡前清除了担心、焦虑、仇恨和嫉妒这样的灵魂污垢，而且他们还坚持不懈地告诉自己有许多他所期待的东西在等着他。

确定无疑的是，当你睡着时，只有你的意识才能帮助你成为你希望自己成为的那样。在你有意识的思考停止时，要确保你的精神中不再有任何的黑暗，确保它充满了美丽的景象，充满了对每一个生灵的希望和赞叹；不再有失败、贫困、丑陋和失序的思想，而是充满了积极、明快、希望、友助和乐观。

第五章

健康思想与正确思维

高贵的精神对伤口的治愈超越任何形式的药膏。

——卡特赖特

“上帝从不需要人类去弥补他的过失。”

哈佛大学的威廉·詹姆斯教授说："我们刚刚发现，通过转向形而上学的治疗和其他形式的精神哲学，大量的新观念获得了解放。这些观念是健康且乐观的。或大或小的能量以各种方式影响着个体。这不是一种让人沉浸于烦忧中的能量，而是将人引向快乐、友善、坚定和灵活的力量。我所见过的最高尚的人是一个正受乳癌困扰的朋友。我无法确定她违背医生意愿的行为到底明不明智，在这里举她为例只是为了说明观念的力量。她的观念使她像正常人一样度过了好几个月，否则老早就需要卧倒在床了。信念为她驱逐了痛苦和软弱，使她每天都过着愉快、积极的生活，身边的人也受到她的感染。"

很少有人能意识到身体的健康是多么依赖于心智的健全。你不能总想着生病的事儿，不然身体迟早会受到影响。思想会以这样那样的方式影响身体状况，思想的质量因而会决定身体的状态——健不健全、健不健康。当一个人总持不纯净的想法时，他就不可能是一个纯粹的人，同样，总想着生病的人不可能是健康的。精神里的疾病使机体的和谐成为不可能。

健康的流水若全被污染，问题一定出在源头，出在思想和观念中。

不同的器官似乎易受特定精神类别的影响。极端的自私、贪婪和嫉妒会影响脾脏；憎恨和气愤会带来肾脏的疾病；严重的猜忌会对脾脏和心脏产生双重影响。

当心里充满恐惧、担心和焦虑时，心脏很快会作出相对的反应。毫无疑问，当精神状态失调时，心脏功能也会失调。数以千计的人死于由精神失调而引发的心脏问题。

伦敦的斯诺博士提出他的想法：大多数的癌症病例，尤其是乳腺癌和子宫癌都根源于精神的焦虑和紧张。克顿博士在《英国医疗学报》上发表了有关由焦虑引发黄疸病的文章。

肝脏实际上很容易受精神失调的影响。黄疸病常来自巨大的精神打击，尤其是长时间大发脾气。

众所周知，许多人因为长期的沮丧和担忧而特别易怒。

著名作家默奇森博士说：“我很想知道有多少肝癌的早期患者会将自己的病归于长期的悲伤和焦虑。这个数字大到不得不使人认为其中的关系绝非偶然。”

皮肤的功能也受情绪的严重影响。

查里森先生在他的作品《疾病的领域》中写道：“皮肤的丹毒可能是由精神的过度紧张引起的。这是一种易患癌症、癫痫和精神狂躁病的体质。”他补充道：“对导致生理疾病的精神因素的研究是多么的不足！”

只要我们不能很好地调整自己的精神状态，就不可能拥有健康的身体。

我们应该持续地用健康和协调的观念来暗示自己的精神；应该像对付罪犯那样去与精神的失调做斗争。不要念叨你并不期待的健康状态。不要沉浸于疾病的痛苦之中。物理学家告诉我们，对善于自我剖析的人而言，完满的健康是不可能的。因为他们总是过度思考、研究自己，永远为自己身上小小的疾病迹象而担惊受怕。

据《图书管理员》报道，读者对医学书籍的需求量大得惊人。

那些想象着自己得了病的人常怀着病态的好奇心去阅读能证明自己想法的书。当他们发现有些病症与自己的很像时，就会深信自己一定是得病了。这样的信念往往成为他们健康的最大障碍。

精神紧张、想象力丰富的人很难以明智和健康的方式看待生活。他们很容易陷入病态的情绪，困扰于各种各样的琐事。任何的一小点儿疼痛都会被夸大，被想象成某种重病的迹象。

这些人对遗传方面的事深信不疑。如果他们有着不幸的家庭病史，如果他们祖上有人死于肺痨、癌症或其他的致命疾病，他们会相信自己迟早也会死于其中的某种疾病。这种想法严重地损害了他们的健康，妨碍了他们发挥自己的才能。

对着一张梦魇中的面孔生活是多么可怕的事呀！始终心怀对死亡的恐惧、带着对自己活不了多久的想法生活是多么愚蠢和荒唐的事！你将疾病的种子根植于自己内心，它总有一天会开花结果，最终夺去你的一切。

想想一个人花了很多年时间完成了高中和大学的学习，之后又继续接受更为专业的训练，然而，他却一直以来都为有可能被家庭的一种遗传病夺去生命而担忧。这足以扼杀一个人拿破仑式的抱负！

我认识一些身体很虚弱的人，他们习惯于整天想着生病的事。他们总爱谈论自己的病情。他们近乎贪婪地观察着疾病的症状，并不断地研究和寻找它们。最后，他们终于心满意足地得病了。正所谓种瓜得瓜，种豆得豆。相反，健康的思想善于在精神中描绘健康的图景，它会使得许多不适得到自然治愈而无须借助药物的帮忙。健康的思想是世界上最伟大的万能药。

总给自己消极暗示的人不仅削弱了自己的才能，而且把自己搞得很虚弱，使自己常处于半病半好状态。他总是对自己说："哦，我今天感觉不太舒服"；"我感觉很不幸"；"我很虚弱"；"我病了"；"我没有一点儿胃口”；“我昨晚没睡好，我知道今天不会感觉太好的”。

如果你不停地对自己说“我很不幸、病得很重”，“我一直很潦倒”，你又如何能成为健康、强壮的人呢？你会“成为你所说的那样”。

如果你总是唠叨着由自己的健康状态带来的虚弱和不幸，那你永远不会成为健康和精力充沛的人。健康是完整意义上的。如果你谈论其他的，你也会成为那个样子，因为会“成为你所说的那样”。

想象自己是一个为自身健康辩护的律师。把所有你能找到的证据汇总起来。不要把你的资料泄露给对手。以你最有力的方式为它辩护。

你会吃惊地发现身体对这种精神辩护作出的反应，不愧是强有力且健康向上的辩论。

我听说过一则案例。一个医生无所顾忌地对护士大声说：“这个人活不了了。”声音大到足以让病人听见。然而那个年轻的病人突然充分意识到了精神作用对他恢复健康的力量，他对护士强调说：“我会活下去！”他也的确活得很好。

我们还没有意识到如果我们总是沉浸在对健康的担忧中，总是怀疑自己患了这样那样的疾病，那么，我们会多么削减自身的能量、损害我们对抗真正疾病的能力呀！

只要我们一直保持强有力、活泼、健康的理念；只要我们始终坚持上帝所期待我们的那种神性；只要我们对自己与生俱来的个人力量有着坚定的信念，那些有关疾病、软弱和衰老的念头就无处可藏。

只要我们拥有与耶稣基督同样的精神，就不可能生病。当不洁和罪恶在精神中找不到居所时，疾病便不会有可乘之机。总有一天，正确的思考会成为预防人类所有疾病的良药，思想的罪恶会由生理的失调来显现。洪堡说过：“总有一天，生病会被认作一种耻辱，人们会视之为品行不端，视之为邪恶思考的产物。”

我相信，总有一天，疾病不会再安居于纯洁、有力的思想中，因为这种思想的品格自身就有疗效。例如，我们过去会把消化不良看作胃部失调的结果。但现在，我们知道那是精神失调所致。它是担忧、焦虑、嫉妒和懊悔的自然产物。

总有一天，贪婪和各式各样的自私都会被视为可能引起我们生理不适的疾病。如今，人们几乎还没有意识到他们为自己的自私付出了多么大的身体代价。

我们不可以去过多考虑疾病，不可以总想着会生病，不要总相信自己会不幸染病。否则，我们体内的那些疾病的种子会乘机发芽，并最终破坏我们身体的和谐状态、损害身体的机能。

任何不协调的思想，任何有关疾病的念头，任何有关生理状态不好的想象，所有让我们恐惧和担心的事物，所有气愤、怨恨、嫉妒、贪婪、自私的情绪，这些都会损伤身体的吸收功能，进而影响全部的身体功能。

精神是身体健康的雕刻师，精神的健康决定着身体的健康。如果思考模式中存在着缺陷和不足，那么健康状态上便会有所反映。

只要我们还想着会不会生病的事，还在怀疑自己是不是可以身体强壮、精力充沛，还相信有可能存在的遗传性病症，只要我们的思考方式依然有缺陷，那么，完满的健康对我们而言是不太可能的。生命和健康的状况会与思想和信念保持一致。

不知怎么的，大多数人似乎认为健康是命中注定的事，是在很大程度上由不可变更的遗传机制决定的。

然而，我们有什么理由不认为自己的幸福和天职也是命中注定的呢？为了生活，我们投入了无限的辛劳和多年的时光。我们知道事业的成功必然基于对培训、体制和领导方式的科学规划。我们知道每一步的成功都离不开深思熟虑和精密筹备。我们知道这意味着必须经过许多年的辛苦工作才有可能在相关的领域有所建树。然而，对于如何完善作为成就所有事业的基础的健康，我们却几乎不曾关心。

当我们想起精神功能和全部的高效发挥依赖于健康状态时，当我们想起强健的体魄可以十倍地加强我们的主动性、增强我们的创造力、激发我们的热情、加强我们的判断和执行力时，我们就会费尽心血地去想办法拥有健康的身体。

如同为其他的重要事情所做的那样，我们也可以通过学习和采纳一些明智和科学的方法为自己的健康奠定基础。我们可以常想想健康、聊聊健康、保持着健康的信念，就像法律系的学生应该思考、谈论和阅读法律相关的问题，生活于法律的氛围里。

健康在很大程度上是一个道德问题。我们必须通过正确和健全的思考去实现它。

只有当对健康、强健、和谐、正确、仁爱的思考取代了对疾病、软弱、失序、错误、憎恨的思考时，健康才有可能实现。也就是说，健康的实现需要通过以建设性的思想取代破坏性的思想。

信心是健康的关键要素。我们应该完全相信自己可以通过健康、和谐、愉悦的思考而拥有健康的能力。

只要我们还在怀疑自己拥有健康的能力，只要我们还总是想象着自己会被遗传等因素带来的虚弱而困扰，我们就不可能拥有健康、强壮的身体。

总有一天，我们不会再有任何的不协调的想法，不会再允许在自己精神的花园中播撒那些不和谐的种子。会清楚地知道我们的思考将最终反映在我们的身体上。

以生病为借口来为自己没有很好履行天职而开脱的行为是我们自身品性的反映，它会导致懦弱和欺诈。疾病和虚弱说明我们还没具有正确的思想，说明我们还是有罪的，还在为困扰于一些固执的理想而受罚。

如今，有些人羞于承认自己生病了，因为他们知道那是某种程度的罪恶，是对和谐与健康的法则的违背。我们开始察觉生病不仅是没有必要的，而且，我们作为生而就应该去成就伟业的造物，任何的抱怨和呻吟都是可耻的。我们应该去过注定富足的生活。对我们而言，生存本身就意味着永恒的快乐，对此，上帝造物时就已言明。

当我们看见自身那真切的神性，就一定会拒绝生病。我们会羞于承认自己受扰于感冒、风湿和消化不良。对未来的人而言，健康和快乐就如同玫瑰绽放时散发芬芳一样自然而然。生命和活力也如同呼吸一般正常。因为他将会只有健康的思想，不会有任何关于不健康的念头。我们只受思想结果的影响。

思想在精神中揭开自己的面纱。快乐的思想不会产出心情的阴暗，健康的思想也不会带来疾病。持续的恐惧的念头不会产生勇气。只有勇敢的思想才会产生信心。

一名伟大的物理学家曾说过，人体内有种物质是不生不死的，它是一种神圣和全能的力量，它能够治愈我们的疾病。不论我们称它为什么，它就是那种创造和修复我们的力量。如果我们愿意，可以称之为“上帝的法则”、“内在的基督”、“神圣的原则”、“全能的力量”或其他任何名字。它是一种创造性的、永恒且无限的力量。

同样的力量创造我们并修补着我们的不足。如果我们可以使自己一直生活在与这一不朽法则的和平共处之中，生活在与内在的美好事物的和谐状态中，那么，我们将能够实现自己的最大成就、最大幸福。除非我们可以与内在于自身的这种生生不息、绝对纯洁的神圣法则相一致，否则，不可能取得所谓的成就、获得所谓的幸福。这是我们唯一的实在——有关我们的存在的唯一真理。

侵蚀键盘的铁锈不可能打破和谐的旋律。损伤神经和大脑细胞的疾病并不能影响我们的实在——我们存在之理。那是一种超越死亡的、不可毁灭的、不朽的存在。如同那位伟大的德国物理学家那样，我们也感到了内在的永不衰退的力量，对我们而言，它是如同上帝那样的不朽存在。

人类是精神性的。这是生活最大的真相。获得健康的方式就是每时每刻都认定自己是与伟大的上帝的法则同在的。那是全部和谐最根本的真理所在。像保罗那样，相信没有什么可以将你与那神圣之爱的法则、那全能的力量相分离。爱与真理会一直陪你左右。永远坚定地相信上帝的法则是宇宙间唯一的力量，是所有生物、全部生命的源头。

第六章

精神化学

人的每种意志和思想都根源于大脑。因此，人以身体书写自己的生命存在，而这一切全被天使看在眼里。

——斯维登堡

埃尔默·C.盖茨（Elmer C. Gates）教授的试验表明，一些具有严重危害性的化学元素会产生愤怒、仇恨、沮丧等不良情感；而一些富含营养价值的化学元素则会刺激细胞产生能量，从而产生愉悦、高兴的情感体验。

“对于每一种不良情感体验，”盖茨说，“在人的机体内都有一种相应的化学变化过程。而对应的是，每一种良好的情感体验产生一种生活幸福的变化过程。每种在意识中存在的行为认知也都通过细胞的结构变化而在人的大脑中予以记录。这种变化差不多是永久性的。”

“任何人每天或许要用一个小时去思考、回忆那些愉悦的记忆。要让他召唤并重获仁爱与无私的情感，使之成为一种像摆动着的哑铃一样的规则行为。让他逐渐增加体育锻炼的时间，直至每天运动一个到一个半小时。一个月后，他就会发现自己的惊人变化。而这种变化会体现在他的行动和思维上，并在脑细胞结构上有所反应。”

除了抽烟、酗酒或其他纵欲行为，还有很多摧毁健康身体的行为。愤怒会改变唾液的化学特征，变成对身体有害的物质。还有，突然剧烈的情感变化不仅会造成心脏的短歇性功能弱化，甚至会引起死亡和精神失常。

科学家已经发现，人们在怀有极度负罪感情况下突然冒的冷汗与正常的出汗现象之间在身体内部存在着化学变化差异；罪犯的精神状况有时可根据对其汗液的化学分析作出判定，即将汗液放入砷酸中，会出现完全不同的粉红色。

“假设房间里有六个人，”盖茨教授说，“其中，一个感到沮丧，一个很痛苦，一个脾气暴躁，一个嫉妒心强，一个很快乐，一个很仁慈。把他们的汗液样本放在同一个心理学家手里。那么心理学家的分析就会揭示他们完全不同而又准确无误的情感状况。”

众所周知，恐惧是丧命的导火索，而勇气则是再生的润滑剂。

母亲的愤怒情绪极可能对襁褓中的孩子产生危害影响。著名驯马师让诺认为，愤怒的话语有时会使驯马师把马狠揍一顿。对狗的试验也得出了类似的结论。

如果这是真实的，那么对于施加在人类身上的权力，尤其是孩子身上的权力，我们又该怎么说呢？强烈的情感常会引起呕吐。极度愤怒或惊吓可能导致黄疸病。狂怒突发会引造成中风，甚至死亡。确实，很多事例也证实，极度的精神创痛一夜之间可能就会使人死亡。

上帝从来没有要求我们要么积极地参与激情体验，要么为自己行为付出代价。反而，支配自我的权利就掌握在我们手中，但是我们必须去发展它、去维护它和行使它。

只有那种能够支配自我精神王国的人才是真正伟大的人，这种人能够随心所欲地自我控制情绪。正如化学家利用碱性解毒剂中和身体中的酸性食物一样，他知晓精神化学，中和抑郁情绪，消除有害思想。而不懂化学的人可能会继续食用酸性食物，这反而加重了他的中毒程度。但是化学家却知道特定酸性物质的解毒剂，如若剂量恰当，不但不会产生痛苦，反而能够消除有害物质的腐蚀性。

因此，精神化学家知道如何用快乐的解毒剂来抵消消沉沮丧的思想所产生的不良影响。他知道，乐观思想将会抵消悲观想法；和谐一致将快速消除各种冲突形式；健康思想将会去除痛苦病态；爱的思想将消除仇恨、嫉妒、报复。他并不会遭受精神痛苦，因为他常欣赏自我的精神喜剧。当他运用这种解毒剂时，具有致命腐蚀性影响的恶性思想就被中和，消失了。

如果孩子学会了精神化学，正如他们学会了物理化学一样，他们就不再是痛苦的悲观主义者，也不再抑郁了。在我们的社会生活中，不应有那么多长期失望忧郁的孩子，不应有很多犯罪行为，不应有很多悲伤的失败。

我们很多人因为对精神化学的无知而使自身遭遇很多精神痛苦。我们正在遭受精神的自我戕害而全然不知，不能自拔。我们也不知道该如何化解对身体产生危害的不良情绪。

没有什么能像满腹憎恨、极其嫉妒、执意报复等行为那样严重地消耗精力，损伤生命。我们看到，那些受不良情感折磨的人往往筋疲力尽，形容憔悴，甚至还没有到中年就已衰老。生活中就有这样的例子，有些人极度嫉妒或憎恨，在几天之内仿若衰老了数年。

然而，要知道这些精神伤害就像身体伤害一样，可以很容易地消除。如果发烧生病了，我们就会去看医生，但是，如果嫉妒或憎恨急剧增强时，可能除了忍受折磨让其逐渐消退外，我们并不知道用爱（love）来消除这些不良情绪。爱不但可以消除痛苦情感，而且能够调整整个身体系统，尤其是脑细胞结构。

正如通过科学的化学方法使水清洁无污一样，人的思想也不会肮脏不堪，受不良思维方式和习惯影响，大脑中充满罪恶的想法，而这些不良习惯可以通过正确的认识予以改正，或采用针对性措施予以强制改正。

毒物专家的责任就是要通晓不同有毒物质的解药是什么。他不会用吗啡来解砒霜的毒，而一定采用的是砒霜毒的解药来拯救中毒者，并且能够依据中毒症状来判断误食何物，从而对症下药。

如果人们能够知道中毒者误食何物的话，那么就可以及时拯救那些原本可以不送命的人。我记得有个人中了苯酚毒，但却因为不懂化学解毒方法，而误用氰化氢来治疗，结果丧了命。

当每个人都成了精通精神化学的专家时，那么就能够运用正确的方法化解各种形式的不良精神情感。

我们发现用各种热情、愉悦、善良的思想去化解冷漠、乖戾、恶毒的想法，就如同在沸水中倒入凉水一样简单有效。我们可以像调控水的温度一样来调整我们的情绪。如果水烧开了，我们可以轻易地打开凉水阀注入开水中，以降低温度。如果我们如同沸水一般怒不可遏，那么就打开爱的水龙头，淡定面对。

换句话说，对于我们而言，可能并不难去完全控制我们的情感，调整平和的心态，从而保持平衡，实现嘈杂环境中的精神安宁。

于是，我们并不会因为工作繁重、情绪恶化、磨难增加而打破这种平衡和难得的安宁。也不会因为我们听了别人的糟糕情绪而忧心忡忡，反而我们会用爱来中和这种不良情绪，实现心态平和。如果个人懂得这些，那么即使仍感到抑郁的话，也会很快消除不良情绪。他知道如何通过某种积极思想来中和消极情感。如果一旦他感觉到身体虚弱的话，那么他就会很快通过力量和强劲——精力的体验来消除不良感觉。

神秘的爱的精神化学可以治愈多少人类疾病实在数不胜数！比如说，它可以去除自私与贪婪，化解仇恨、嫉妒，打消报复、犯罪的意图，应对各种各样的精神和身体问题。

如果我们的心中充满爱、互助、希望、鼓励、愉悦、勇敢的话，那么它的意义将是多么的巨大！因此我们无须恐惧那些不好的情绪体验，因为积极之心会驱走负面不良情感。换句话说，我们并不能消除房间里的黑暗，但是我们可以打开窗子让阳光进来，赶走黑暗。

消除矛盾的方式让和谐一致的观念注入每个人的思想中，正如光明可以驱走黑暗一样。

走出情绪的低谷就是要使自己富有勇气和希望、满怀愉悦。只有勇气、希望和生活的愉悦才能去除心灵的失落。

我们并不能通过意志力或武力消除自身的仇恨、嫉妒和报复性。但爱可以做到这点，犹如酸碱性不容，水必灭火一样的道理。

当心中充满爱时，便也忘记了仇恨。记住这条金科玉律法则就能使所有的嫉妒和复仇之心灰飞烟灭，不复存在。换言之，爱永远不会和仇恨、嫉妒和复仇之心共存，而是它们的克星。

人们生活中遭遇的困境就是他们一直试图强硬去除这些不良情绪，而不是用像爱这样的美好的感情体验来取代它们。他们一意孤行产生了很多问题。

转变一下情绪——想想爱，试着感受对所恨之物的爱，那么所有的仇恨很快就烟消云散了。不论什么时候，只要你感到害怕，犹豫不决或是其他不良情绪时，那么就试着用好的情感暗示驱走那些消极情绪。

要记住每一种不良情绪，任何失望或消极思想都是意识的反映。对于那些不良情绪，你都有克星对付它们，而这克星就是积极的思想意识，并且你的所有的拯救措施都是随时可以实施的。换言之，用真实取代错误，用和谐一致消除冲突紧张。明白了这些，你也就成了能够治疗自己精神不适的医生，在这点上可以说每个人各怀绝技。当你通晓精神化学的奥妙时，也就能够消除不良情绪体验，诊治各种意识问题。

如果能够真正懂得了每一种真实健康有益的思想观念，那么就会在行为中不断强化这种积极的情感体验，分清好坏观念，提升生命意义。当心中充满这些振奋人心的积极情感时，就不会被不良情绪摧倒，因为两者水火不容，且正必克邪。这两种完全不同的情绪彼此制衡，相互中和。

我认识一个性格很好的女士，她能够及时转变她的意识，以使自己保持良好的精神状态，甚至是在很不好的情况下也是如此。她认识到美好的精神想象的重要性，会弄清楚各种不好情绪是什么，并通过想象愉悦、积极向上、鼓舞人心的美好形象，来减少和消除那些灰暗、不幸的想象认知。

常怀美好情感，去除消极情绪，使得她清醒地认识到自己的行为，从而随心所欲地快乐生活。

她所掌握的精神化学知识和实践，使她常常神情安宁，精神平和，很受周围朋友的欢迎。

人体全部由细胞构成。因此我们只是一堆细胞，像脑细胞、骨细胞、肌肉细胞等十二种。要实现最好的健康和最大的力量，依赖于各个细胞和部分的完全整合。如果生病了，就说明身体内的细胞受到了损伤。

通常人们会认为思想意识只会对大脑产生影响。事实不然，它会影响到人的整个有机体。

心理学家发现，大脑的灰色区域与盲人的指尖关系密切。盲人的指尖通常非常灵巧，能够辨别出非常精细的纹理、钱币、颜色（甚至是浅色)、阴影等。这说明意识不仅仅影响大脑，而且影响全身。

也可以说身体就是一种扩容了的大脑。从突发事件或巨大灾难对身体各个部分所产生的瞬间震惊来看，进入大脑的每一种思想意识都会很快被传递到身体的各个部分，影响到身体的内分泌及其功能状况。

电报带来的噩耗常会迅速影响到心脏、胃、大脑等身体器官。由此很容易解释噩耗所导致的很多像一夜之间满头白发的事情，时间甚至会更短，几个小时乃至几分钟。震惊信息从脑部到身体其他部位的传递几乎是瞬间完成的。

身体内数以亿计的细胞凭借同族亲和、共性一致而紧密结合。一荣俱荣，一损俱损，牵一发而动全身。由于意识的不同，因而每个受到影响的细胞便造成了两种不同的刺激，或生或死。

实验已经证实，在受到损害的细胞中所含有全部不幸和恶毒的意识都会有损我们的健康。众多实验也证实这样一个事实，即所有健康有益、鼓舞人心、积极向上的乐观思想意识都能改善整个机体的细胞寿命。当消极意识不断杀死细胞时，那些积极意识又在不断促进细胞产生成长，延长细胞的寿命。

我们知道，即使身体最边缘部分的细胞也能非常快地感应到每种意识和情感所传递的信号，那么就要求我们必须高度关注这些不同信号所表达的意义。要知道如果长期处于生病、失望、恐惧、忧虑、嫉妒、仇恨、愤怒、严重自我等状态中，那么就会降低身体内不同细胞和部分之间的完整统一性，不但会恶化健康状况，而且相应的也会造成精神和身体活力的下降。还要知道，良好的强劲有力的意识状况不仅对身体内的细胞产生影响，还能提升它们的健康状况。

人们的最大活动就是使身体内的每个细胞处于最优状态，换言之，实现机体的精神和身体的完全健康。那么看起来人就显得很正常了，也就是说人变得状态很好、真实诚恳、热情高贵。

很多苦恼、无聊、厌倦乃至犯罪行为都是因为身体受到了不良思想意识的影响。

当一个人行为正常时，他就不想做错事。只有当他受到不好意识的影响，养成不良的懒散的生活习惯时，才可能表现不佳。因此不仅良好的德行和生活的幸福取决于身体状况，而且工作效率的高低也取决于此。

换言之，如果身体状态一直很好，那么行为的恰当性和成功的可能性就相对高一些！

只有当身体受到了不良意识影响时，身体状况才会变差。因为我们身体状况不佳，所以才会形成不好的生活习惯。总之，身体受到了不良情绪和意识的影响，导致我们不自觉地就会行为不佳。

每个人都浮荡于意识之海中，可能会漂向任何一个方向。如果不懂精神化学的话，那么当受到各种不好意识的影响时，我们的思想就会发生碰撞、冲突，陷入思维混乱，行为失常。因此，我们必须要懂得如何中和不同的意识，保持良好的状态，必须控制自我情绪，引导意识往健康有益的方向转变，从而保护自我免受各种不良状态的困扰。

无线电技术使用过程中面临的最大问题就是要解决大气中各方向信号强度不稳定的问题。类似的，在生活中面临的问题就是要消除各种不良思想意识的影响，使其相互抵消，不会对身体产生危害。事实上，很多人已经做到了这点，他们都懂得运用精神化学知识来消除错误意识的影响。

那些懂得科学的精神化学原理、掌握了良好生活法则的人，会生活得很幸福，他能克服那些对其幸福生活产生不好作用的主要因素的负面影响。

"通过正确运用和提升自我思想力而再造自我"，这句话比什么都真实。

不久前，一个前几年认识的年轻人拜访我。使我困惑的是，仅仅几年时间他发生了非常大的可喜变化。记得上次看望他时，他非常悲观，心灰意冷，甚至感到了绝望，脾气乖戾，对自己和他人失去信心。然而现在他完全像换了个人似的。原来他脸上忧郁痛苦的典型表情已被快乐幸福所取代。现在他已容光焕发，欢欣喜悦，满怀希望。

这个年轻人已经娶了一个乐观开朗的妻子。他妻子常嘲弄他的忧郁，改变他的意识认知，经常鼓励他，使他增强自我评价，使其乐观开朗。在他妻子有效的“新思维”影响下，以及他自己要求改变的决心推动下，最终他走出了忧郁悲观的低谷，改善了自己的精神状况。爱的原理以及思想力的正确运用最终使这个年轻人成为一个崭新的人。

我们已经知道，人类拥有最好的包治百病的灵丹妙药。这灵丹妙药就是存在于人们意识中的爱、仁慈、善良等形式的良好情感，它能化解人们的仇恨、嫉妒、愤怒、报复、野心等不良情绪。

第七章 想象力与健康

想象力可能害人，亦能益人。膏药不能愈合的伤口，它却能使之愈合。即使没有膏药，它也是一剂良药。

——卡特赖特

不久前一位牧师被送到医院，病情严重，身体虚弱地抬不起头来。他说自己误吞了假牙，感到了它们在肚子中吱吱的磨碎声。

护理的医生想转移病人的这种幻觉，但是不知道该怎么办。不久后，牧师的妻子通知说，在床底下发现了不见的假牙。知道真情后，牧师感到羞愧不已，非常懊悔，也摆脱了幻想的困扰，立即起床，自己穿好衣服，付账后回家了。

这个病人只要还认为假牙仍在肚子里的话，那么再多的安慰和劝说也不起作用，他将继续遭受幻觉困扰。因此，最重要的是，首先要转变他的认识。

医生常说，传染性疾病的传染程度很大程度上取决于人的精神状况。即使一个人身处患有恶性疾病的病人中，只要他保持积极的兴奋状态，那么就可能具有很强大的免疫力来抵抗疾病的入侵。

我曾见过一个精力旺盛、体格健壮的人因一次事故而备受打击，以至完全瘫痪，甚至连一磅重的东西都举不起来了。他就像孩子一样虚弱紧张。以前没有什么能击倒他，但后来仅仅是一个可怕的想法便如同闪电一般将他击倒了，使得原来的巨人瞬间变成了小矮人。

医生的很多真实病例记录说明了思想意志力对个人具有巨大影响力。很多病人非常恐惧麻醉药，甚至在打麻醉药之前就吓得昏厥过去。对他们进行有效的安慰，缓解精神压力，他们才可能不再这样。

我认识一个医生，有一天突然被召回治疗一个非常痛苦的病人。当时他正在外面钓鱼，身上没有带急救箱，不能按常规治疗。但是他是一个经验丰富的医生，懂得暗示的重要性，于是用普通面粉制了些小药丸，并非常认真地告诉病人该如何吃药、吃药时间等。病人并不知道实情。每隔几分钟护理人员就按时喂他吃药。

同时，病人还被告知，给他看病的医生非常有名。于是在条件非常有限的情况下，病人对医生的信任和获救的信心短时间内大大增强。他甚至说他全身感觉到了药物的作用。就这样，面粉和信念拯救了这个病人。

费城一次严重的黄热病流行过后，我们在医疗报告中发现它提到拉什医生（Dr. Rush）的精神影响力在治愈流行病的过程中发挥了巨大的作用。

“拉什医生的在场犹如一剂有力的强心剂，人们即使不吃他的药而只要看到他，就能康复，就像拉什的话能治愈黄热病一样。”

病人信念的丧失要比身体的垮掉更可怕。只要积极的信念存在，一旦病人获得了康复的信心，不再对病情心灰意冷，那么很快身体就会康复。

最近我听说一位年轻女士同其未婚夫在电影院看电影时，突然昏倒在地。他的未婚夫是位年轻的医生，从兜里掏出什么东西给未婚妻，并低声告诉她：“把药片含在嘴里，但不要咽下去。”她照做了，很快就感觉好多了。这位女士后来很奇怪，药片含在嘴里却没有融化，却给了她信念。回家的路上她仔细观察之后才发现那药片竟是一枚小纽扣！

医学历史表明大量人死于在生病时信念丧失，不再具有想象力。他们老是自认为自己患病了，事实上他们根本没有。问题的症结并不在于他们的身体，而是他们的意识。

很少有人能够认识到想象力对身体所具有超强的积极力量。人们并不知道事实上每年有很多人死于自己想象的狂犬病上。常有的事就是这种人总认为那些很正常的狗变疯了，老是害怕被疯狗咬着。于是他们这种不安的意识状态会投射到大脑中，老是出现幻想。

前段时间我看到一则故事说，印度有个年轻官员因为体温很高和长时间的工作感到浑身筋疲力尽，去看医生。医生给那位年轻人仔细检查后，告诉他第二天才出检查结果。第二天年轻官员收到的检查结果却说他的左肺功能已经完全丧失，整个心脏受到严重影响，建议他立即调整工作。“事实上，你可能还能活几周”，信上这样说，“但是，最好把重要的事情都办好。”

自然，年轻官员被其死亡诊断击溃了。他的情况迅速恶化，当天就感到呼吸困难，心脏部位严重疼痛。他躺在床上，认为自己就这样死去，再也不能站起来了。那天晚上他的病情变得更加严重，家人将他送到医院。

“你究竟对自己做了什么？”医生很困惑，“我昨天见到你时并不是这样的。”

“我认为我的心脏不行了。”年轻官员有气无力地回答。

“你的心脏！”医生重复道，“你的心脏昨天还是很好的啊。”

“那么就是我的肺出问题了。”病人接着说。

“年轻人，你到底怎么啦？看起来你头脑很清醒，似乎没有喝酒啊。”

“你的诊断报告，你的诊断报告……”病人喘着粗气说，“你的诊断报告说我只能活几周了。”

“你疯了吗？”医生说道，“我建议的是，你休假一周就没事了。”

这位脸色苍白的病人几乎抬不起头来，但是仍从兜里掏出医生的诊断信。

“天哪！”医生看了信后叫道，“这是另一个病人的诊断书！我的助手把他们搞混了。”

听到这儿，年轻人立马从床上起来，几个小时后就完全好了。

当我还在知名的哈佛医学院读书的时候，一位著名医生在作关于想象力的报告时，告诫学生们对自己确诊的疾病要肯定，不能乱猜测。事实上，当时这位教授告诉我，他确信自己已经患上“布莱特肾病（肾脏炎）”。对此他如此肯定，以至于他不敢去做疾病检查。他不怕死，但是害怕其他医生告诉他病情。很快，他就没有了食欲，失去了精神，几乎不能再给我们作报告。直到有一天，他的一个医生朋友发现了他的糟糕状态，问他怎么了。

“我得了肾脏炎，”他回答道，“我确定自己得了这个病，因为各项指标症状都相吻合。”

“胡说八道，”他朋友说，“根本不是那样！”

进行了很长时间的劝说后，教授答应去做检查。结果发现他体内根本没有肾脏炎的病症。他迅速就恢复了健康，一天之内人们就发现了他的变化。他食欲很好，容光焕发，像换了一个人。

医学史上有很多这样的例子。由于想象在作怪，原本健康的人老是认为自己病入膏肓了。一期伦敦医学杂志说了这样一个事例：

“两个伦敦人到某一个国家，住在一间房子里。据说这间房子过去发生过猩红热病。一个不爱幻想的意识清醒的人早上醒来安然无恙；而另一个紧张敏感的人正好得了那个病——他一夜没睡，浑身长出了皮疹，而这恰恰是猩红热的病症。于是求救电话打到了伦敦医生那里。医生乘第一班火车就赶了过去。检查结果是认为自己患病的人根本就没有得病，完全是想象在作怪。事实上，那间房子根本就没有猩红热。就这样，这位担惊受怕的游客错误地判断病情，无端地折磨自己以至长出了皮疹。

“还有一个例子，说两个人外出住在同一房间里。那间房子里以前曾有人死于霍乱。其中一个人并不知道以前有人死于那个房间，他晚上睡得很好，并没有发生什么。而另一个人无意中得知了过去的事情，一夜翻来覆去，难以入睡，精神紧张，非常痛苦。结果早上被发现也得了霍乱，最终他死于霍乱。”

人们读了这些故事，相信它们所说的事情。但是却不能阻止自己胡思乱想。结果患病意识、失落情绪最终产生了像故事的结局。

我们终生深受胡思乱想的危害。无端认为自己得了严重的疾病，尤其是那些不能治愈的传染性绝症，会扰乱整个身体的平衡系统，造成各种功能失调。在身体如常时，不良意识不能产生影响的，但在身体微恙或精神焦虑时，不良意识就会乘虚而入，造成人们的进一步担忧和恐惧，最终不好的精神状态会使人垮掉。

第八章

暗示如何影响身体健康

如果我们坚持想象我们能够得到欲求之物，那么愿望很大程度上可以实现。人类开始觉察那能够创造自我、治愈自我、重视自我、继续自我的神圣法则。

记得有人说过："见面就说'你今天看起来不好，怎么了？'的朋友，恰恰就是你最致命的敌人。从那刻起你就感到浑身不舒服。正是你的朋友毁坏了你的希望，如同给你披上了柩衣，浑身感觉不舒服。"

有这样一个例子可以清楚地说明暗示影响力的巨大。一个人在催眠的情况下，接触到冰凉的硬币，感觉起来仿佛正在被火烤，直至冒起水疱。

现在，如果别人给予的思想暗示可能造成身体起疱的话，那么暗示若能引起或治愈消化不良或其他疾病，也就显得不足为怪了。如果让被催眠者摇摇晃晃地像喝醉了酒，并使其在脑子中记住他喝的是威士忌（实际上是一杯白开水）这种强化暗示的话，在这种精神暗示的作用下，他就可能产生如同真的喝了酒后的各种反应。

下面是由毕业于阿姆斯特丹大学医学院的弗雷德里克·冯·艾登所说的几个关于暗示具有巨大力量的例子。艾登倡导精神疗法治愈疾病。在这些例子中提到了巴黎很有权威的德布维教授。艾登这样说：

"在圣安德拉尔医院的办公室中，他给我演示了如何给病人一杯水，并告诉他那是一杯酒，之后，病人便会像喝酒一样把它喝下。

我看见他如何告诉病人一个凉银匙正在变热，看见那个病人在感到烧伤后如何扔掉匙子。他如何拿给病人一本书，并告诉他：‘看，这是本空白书，每页没有一个字！……用力吹，再看它！——现在全是人物画了！那么再吹它——全是风景画和照片了，快看！’那个病人非常诧异地看着书中的变化，甚至能描述出各种风景和人物画像，当然，除了他自己，别人什么也看不到。‘我从来没有看过如此神奇的东西。’那个人说。

“‘我能做得更好，’德布维教授说，‘闭上眼。你睁开眼时，我的头就没了。’当那个人抬起头来时，满脸惊奇恐惧地瞪着那位教授。德布维问：‘你觉得没有头的我如何？’那个人猛用手臂打自己的头，说：‘太逼真了，我都快疯了！’”

我曾看过一个用马做的实验，要让马感觉到生病了（表现出确实生病的样子）。给马盖上毛毯，擦药，非常同情它，爱护它。最后马就会变得萎靡不振，不吃不喝。而对另一匹健马的实验则不让它走路，抚摸蹄子之后，涂上药，用绷带把蹄子包扎起来，这样使得马觉得自己的蹄子瘸了。在它走动的时候，它果然会一瘸一拐的。

众所周知，母亲的恐惧、焦虑和担忧与孩子是否患病密切相关。

容易紧张的母亲常有的精神状况就是常担心孩子遇见不好的事情，而这种状态恰恰引来了她一直害怕的事情。当看到发生在周围人身上的病症，就会在他们的脑海中勾勒出一幅精神画面，而这很快就会对孩子的可塑思想产生影响，最终损害了孩子的身体状况。

在我去过的一户人家中，母亲老是说孩子们看起来多不健康，问他们感觉舒不舒服，让他们做这做那的。晚上至少要问六次他们是不是舒服，是不是头疼或感冒了。她老是为孩子们担心，害怕他们见风受凉，出门不戴帽子，把鞋子弄湿了。她老是提醒他们不要那样做，否则他们可能得哮喘病或肺炎，甚至更坏的病。换句话说，她一直在孩子的脑海中建构出一幅机体紊乱的画面。结果就是，她家里有些人老是生病。那个母亲说，她都很少出去，因为家里人经常生病需要照顾。

那户人家中，父亲和母亲一样也老是担心家里人的健康。他常叫小儿子到身边，摸摸他的脉搏，说他身体太热，发烧了。于是小男孩就会记住他爸爸的话，知道自己是个生病了的孩子。结果就造成了小男孩老是认为自己生病了，常躺在床上。

那对夫妇几乎没有认识到在他们意识中的不健康和恐惧认知会投射到孩子们正在成形的认知中，对他们产生危害，使他们不自觉地就兑现了父母一直担心的事情。

可以想象，在这样一种充满恐惧、焦虑和疾病的环境中生活的孩子，总是要注意危险，十分小心，不要做这做那的，最终他们会认为人能够做到的健康事情其实很少！他们伴随着对疾病的恐惧成长，而这种恐惧也成了他们终生的梦魇。

如果父母知道对疾病的恐惧才是问题不断严重的真正根源的话，那么他们就不会让孩子们再受这种恐惧的影响。他们不应该给孩子们灌输身体老是生病的印象。

我们要重视暗示对提升或压抑精神的巨大影响力。只是最近我听到一个非常聪明的女士说，她看了一个让人沮丧的杂志故事，于是她一天大部分时间里不得不卧在床上。那个故事是由一个著名的小说家写的。故事内容很震撼人，但也很残忍。吸引她的是她思想中的病态东西，并使她彻底倒下。

对于医学学生而言，很常见的情况便是因为解剖室而产生的可怕暗示，以及长期关注的疾病所带来的沮丧影响，会使得他们很容易生病。

而相反的是，如果长期接触到一些愉悦、希望、健康的思想，也定会对身体产生出相应的积极影响。

病人的思想意识基本上处于无助、主观、消极状态，很容易受别的思想影响，有好有坏。在健康方面，积极、有创造力的意识状态会对外在思想影响产生抵抗力，从而保护自己免受外在干扰。

我们很多人都知道，当我们生病时，如果突然收到一个愉悦乐观的电话，或有人给予我们希望与鼓励，我们就会感受到巨大的鼓舞与激励。而有时我们在生病时是多么害怕那些悲观低落的人打来电话，因为，他们的消极情绪会影响我们，使我们丧失希望，产生沮丧情绪。他们给我们带来的只是沮丧和失望的阴影。

生了病的人，像孩子一样尤其需要大量鼓励，他们需要希望来支持。

可以想象，如果病人的医生、护士、亲戚和朋友都努力给予他希望、幸福和鼓励的话，那么这对病人将产生多么大的鼓舞啊!

开朗乐观的医生将对病人产生非常大的积极影响，能缓解病人紧张情绪，提高病人的潜在抵抗力（每个人都有这种潜在的免疫力），告诉他们状态很好，维持他们的希望，努力使他们振作起来。无疑，对病人而言医生的乐观主义情绪要比所有药物治疗更有意义。

在波士顿我认识的两个医生正好说明了这一点。其中，一个人非常乐观，很有幽默感。他常同病人开玩笑，鼓励他们，给他们讲滑稽故事。只要他待过，病房里的气氛就完全变化了。他的乐观、开朗和热情带给了病人很大的鼓励。

而另一个医生则恰恰相反。他是一个满腹知识但是说话不多的人。他很少笑，常常闷闷不乐，苛刻无情，沉默寡言，难以理解。如果他发现了一个病人看上去并不好，那么通常他并不会三思后再说实情，而是直言不讳，于是他也逐渐地不受欢迎了。

他认真负责，经常实话实说，而不管情形是否允许他这样做。

于是病人本来就心灰意冷，听他这么一说，更是失去了希望，整个人都垮下去了。

医生很少意识到，实际上病人的信念与他们的言行密切相关的，看到他们鼓舞的表情就如同给了他们一缕希望的阳光。

那些医学院的优秀学生开始认识到在病人康复过程中鼓励和表扬对病人提升自信所产生的巨大的力量。

一些负责任的医生认为应该告诉病人实情，他们有权利知道，特别是病情十分严重时。如果医生从没有误诊过，能够了解病人的详细情况的话，那么他可以告诉病人实情。但是医生显然不是那种人，连水平最高的医生也不敢保证对人类机体完全研究透了。

他们都知道，优秀医生常会安抚病人，给他们希望。这样病人也就很容易康复了。为什么医生对病人犹豫不决，因为他们知道，在危险情况下沮丧思想或确诊书对病人所产生的影响更加巨大，医生替病人承担知情的责任要比帮助他康复更重要，希望和自信有着更大的力量促进病人康复。

对那些虚弱无力、沮丧失望的病人而言，医生的坚强思想所带来的影响力意义重大，它会给病人非常大的精神鼓舞和希望。很多时候医生为病人承担知晓病情的责任确实要比告诉病人实情更重要。

暗示对于病人积极状态的影响力常比人们预想的要高。一个身患绝症的人，情绪悲观失望、心灰意冷，自认为已被剥夺了生的机会，就这样在病痛中度过了几年。后来经过进一步的治疗，人却康复了。这不能不说是一个奇迹。而之所以会这样，在于他改变了自己的思想认知，以积极心态抓住每次治疗机会，接受治疗，听从别人的劝告，保持良好的精神状态，相信吃的药能给他带来奇迹和希望。最终他康复了。

在宗教故事中有很多这样的例子。比如，病人到某个著名的泉水或河流中，用认为有神奇之效的神圣之水洗澡，身体就康复了。

那些到健康疗养之地的人们，将病情的改善和康复归因于空气或水的变化。他们认为是环境的改善促进了他们的好转，而事实上，精神暗示的好转其实和自然环境的变化一样重要。

积极的思想、勇气、希望和快乐是要比治疗疾病的药物更重要的因素。由此，有必要想尽一切办法给予病人鼓舞。

我们面临的问题就是我们并没有认识到最好的治疗恰恰在于我们自己的思想状态上。每一种疾病都有相应的治疗方法，也就是圣经中所说的不是治标，而是根治。

在圣经中对于爱能包治百病的强调要远远超过其他东西。我们已经说过，母亲的爱可以缓解和治愈孩子的伤痛与疾病。孩子跑到母亲跟前亲吻她从而减轻伤痛，钻进母亲的怀抱从而躲避恐惧，孩子的这种举动是多么的自然啊！

如果孩子感受到了母亲的爱所带来的疗效，那么我们对上帝的爱——无私之爱——的潜在效用还能说些什么呢？圣经使我们相信“伟大的爱使人无畏”，而恐惧恰是我们生病不健康的潜在来源之一。

在克制恐惧困扰这一人类最大的敌人的过程中，还有什么更好的治疗措施要比唱第91首赞美诗更好？还有什么能比这首伟大的赞美诗的唱词——“住在至高者隐秘处的，必住在全能者的荫下”——那般更安稳人心？

如果深入研究并实践一下，就会发现没有什么精神问题是赞美诗所不能解决的，所谓的恐惧、忧郁、失望等问题根本不能算问题。细想一下，对于那些深陷绝望中的人们而言，赞美诗具有何等重要的意义啊！还有什么东西能像“安歇在我的全能神他翅膀荫下”那样给人安慰吗？

“我紧挨着主，沐浴着主的爱，无所恐惧，没有忧愁，因为我感觉到了主的伟大力量的荫护。”

圣经中的这几段话表明了富足的生活是多么的自由而充实，人们的身体多么健康强壮，而这皆源于主的恩赐。要爱我们的主，相信我们的主。

“要留心听我的言辞……因为得着它的，就得了生命，又得了医全体的良药。”（《箴言》，4：20；22）

“但那等候耶和华的必从新得力。他们必如鹰展翅上升；他们奔跑却不困倦，行走却不疲乏。”（《以赛亚书》，40：31）

“他发命医治他们。”（《诗篇》，107：20）

“我曾呼求你，你医治了我。”（《诗篇》，30：2）

“他的肉要比孩童的肉更嫩。”（《约伯记》，33：25）

“耶和华说：我必使你痊愈，医好你的伤痕。”（《耶利米书》，30：17）

“我必医治你。”（《列王纪下》，20：5）

“这样，你的光就必发现如早晨的光；你所得的医治要速速发明。”（《以赛亚书》，58：8）

“我——耶和华是医治你的。”（《出埃及记》，15：26）

“不再有死亡，也不再有悲哀、哭号、疼痛，因为以前的事都过去了。”（《启示录》，21：4）

“灾害也不挨近你的帐篷。”（《诗篇》,91:10）就是向你许诺“住在至高者隐秘处”（《诗篇》，91：1）。

“你心要谨守我的诫命；因为他必将长久的日子，生命的年数与平安，加给你。”（《箴言》，3：1；2）

当我们完全相信我们的至善结果时，当我们意识到我们并没有从外部获得健康，而是我们自身就具有健康时；意识到我们并没有要求各方面的公正，而是我们本身就是公正时；意识到我们并不拥有真理，哪怕一点点，然而我们就是真理自身时，我们确实已经开始真正存在了。

我认为，大部分人意识到了一种深存于天性的强大力量。而如果人们懂得自己本能天性的话，那么这种天性就能抗拒一切疾病。我们都感觉到了一种存在于我们自身的神性，它存在于我们的肉身中却不源自那里。而这种我们肉身背后的强大力量最终会解救我们，赐我们永恒的福祉。作为上帝子民，这是我们与生俱来的权利。生命的伟大目标就是要训导我们发现这种创造性的、焕发活力的、饱含生气的力量，并运用于日常生活中。

第九章

何以衰老

“日渐衰老的容颜珍藏了岁月的流逝，而思想却随着岁月的流逝而逐渐成长。于是思想成了人们不断衰老的罪魁祸首。”

“通过不断接纳新的思想观念，我们保持身体的年轻；通过转变我们的思想观念，我们改变身体素质和习惯。”

前不久，纽约最高法院前大法官在其七十岁生日那天自杀了。

在尸体旁发现了关于“合理寿命”和“奥斯勒生命简论”的笔记，上面写着这样几段话：

“七十岁，这是圣经规定的合理寿命。超过这个时间，作为人的积极工作就会停止，在地球上活着的时间也到期了……”

“我今年七十岁了，而只是处于生命的转折点，我还很健康……”

这个人长期思索着所谓的奥斯勒理论——人一旦超过六十岁，实际上就没有用处了，只会成为自身和世界的负担——和圣经的七十岁生命限度，以至于他最终决定在七十岁生日那天结束自己的生命。

暂且不论奥斯勒博士的理论，就是完全接受圣经的七十岁寿限这种观点，无疑也会对整个人类产生致命的危害。我们深受自我强加的寿命期限和信仰的影响。众所周知，当这种信仰塑造了人们时，虽然很多老年人仍很健康，但是很多人仍在接近自己设定的七十岁寿限的时候就会选择死亡。然而，赞美诗的作者大卫不可能设定寿命的限度，或不可能想做什么就做什么。人们完全盲目地接纳了圣经中关于生命长度标准的许多箴言，而这些箴言只是为了说明某种观念而使用了一些数字。实际上有很多理由可以将生命期限设定为一百二十岁或玛士撒拉的寿命（九百六十九岁），这和设定为七十岁或八十岁是一样的。圣经中的经文并无证据表明生命期限的存在，也没有说过一旦超出这个期限人就不该活了。

事实上，圣经的全部精神是鼓励人们凭借心智健全和身体健康的生活方式而长寿的。它指明了人们有责任过上一种有意义的高贵生活，有责任尽可能展示真我，而这些都能延长人的寿命。

认为造物主将人的寿命限制在大概九十岁以内，是成熟期（三十岁左右）的三倍，是造物主意志的反映。而类似的是，在自然王国中，尤其是在动物界，生物寿命至少是其成熟期的五倍之多。作为上帝造物的最高级生命体，人类难道不应和动物的寿命至少一样长吗？事实上，在果实成熟以前，就是想再多的办法也难以摇下树上的果子。

我们并不知道自己在多大程度上受思想的控制，不知道我们的信仰到底可以在多大程度上影响我们的生命。由于深信寿命不能超过某个界限（可能是父母死去的年龄），于是各色人等义无反顾地缩短自己多年的寿命，终结一生。我们常听到一句话，说："我并不想活得太老，我爸妈就死得很早。"

不久前，有一个纽约人，他身体很健康，但有一天告诉家人要在下次生日时自杀，说寿命理应到此。第二年在他生日的那天早上，家人都很警惕，因为那天他拒绝工作，声称午夜之前一定要死，坚决叫来家庭医生。医生给他做了检查，说他没有什么问题。但是，那个人开始绝食，以致他越来越虚弱，最终在午夜前死去。他要自杀的想法已经扎根于他的意识之中，成为一种信仰。这种信仰如此强烈以至于他的全部意识都想着要结束自己的生命，最终完全抑制住了自己的生命活动。

现在看来，如果有人拥有十足的力量可以改变他自杀的信念的话，或者说如果向生的精神追求可以取代他的自杀追求的话，那么他还可以再多活很多年。

如果你相信，或凭借强化和各种生活事件使你深刻认识到，你大概在五十岁时就显现出年老的迹象，在六十岁时会丧失了部分能力，失去对生命的兴趣；那时你会丧失工作能力，不得不退休，并且你会日渐衰老直至死去，你会认为世界上并无某种力量可以阻止你的衰老和死亡。

然而，思想意识具有先导作用。如果是一种暮气沉沉的思想的话，那么随之而来的就是身体的衰老；如果是一种年轻的思想，一种朝气蓬勃的思想，一种有意义的思想，那么身体也会保持年轻。思想的老化来得更早一些。而身体的老化只是思想衰老的产物，它源于思想的老化。当看到有些跟我们年龄相仿的人，身体开始逐渐衰退，显示出衰老的迹象的时候，我们就会想象自己也是如此，有着不二的轨迹。最终，在这种思想意识的引导下，我们也开始衰老。但是，之所以这种提前衰老的现象无法避免，原因只是在于我们的思想已经老化，开始衰老，相信代际交替。

如果我们不想变老，如果我们坚持年轻的思想，保持年轻、希望、活泼，那么衰老就会延时到来。

青春永驻的秘诀在于思想的年轻化，而不是其他。不可能穿了几件年轻人的衣服，就说自己仍然年轻。最重要的是，你要先清除掉思想中的衰老意识。只要思想上认为自己不年轻了，那么再多的化妆品，再年轻的装扮也无济于事。首先要转变信念，转变认为自己衰老的思想意识，承认自己仍然年轻。

精神的力量是强大的。只有我们形成永远年轻的思想认识，以至于我们确实感觉到了自己的年轻的话，那么我们就赢得了抵抗衰老的一半胜利。要明确的是，对于年龄，无论你感觉到什么，它都会在身体上有所反映。

不论我们能够活多久，而自认年轻的意识非常有助于保持年轻，因为这种习以为常的思想意识会反映在我们的身体变化中。一旦我们自认为已经老了的话，那么世界上再也没有什么东西能够使我们看起来还年轻了。

没有什么能比拥有阳光、快乐、乐观、希望、活力的年轻思想更能阻止身体的老化。那些像梦想、追求、希望等美好品质都是对年轻人的赞美。

我们面临的一个大问题就是我们思想年龄的过早老化。现代的艰难生活状况似乎会榨干我们的大脑和神经，严重损害我们想象力，使它不再年轻、富有活性。现代工作和生活的一般形式易于破坏这种年轻感觉的灵活性、准确性、灵敏度和高雅性。

那些严肃对待生活的人，往往将任何事情都视为个体努力的结果，终日计算着谋生的技巧，就很难具有和保持年轻的感觉，脸上也不再显现年轻人的神情。这些人的生命之泉早已枯竭，不断萎缩，不再有新鲜的水源，于是身体也开始出现了相应的变化，同思想一样不断干涸、萎缩，以至衰老。

独断专制的意识也容易造成身体的过早老化，因为这种独断思想是痛苦的、紧张的、不正常的。

那些过着阳光般美丽日子的人因为养成了平静安详的生活习惯，就不会像那些生活在痛苦和阴影中的人那样很快老去。

很多人过早老化的另一个原因在于他们停止了成长和学习。中年以后，似乎就没有能力获取和接纳新的思想观念，而这是一个很可悲的事实。在四十岁或五十岁的时候,就达到了认识发展的停滞点，难以进一步发展思想认识。

不要认为把停止成长学习、停止进步看成是要远航似的，仅仅因为你几年内没有学习就会退步很大。长此以往，那么你就会迅速衰老。千万不要让自己失去年轻的心态。不要说你现在不能做什么，或过去做了什么。要过属于年轻人的生活。不论时光逝去了多少年，也不要在精神上害怕自己还是个男孩或女孩。要让自己自由随性，从而不再有任何年老的痕迹。要记住正是那些陈腐的思想、陈腐的精神使你身体不断老化。要不断成长学习，对周围任何事物都保持兴趣。

相信自己在某个特定时间、特定年纪死去这种信念会窒息生命，很容易导致身体的衰老。而这点早已被证实。

如果你想青春永驻，就要忘记那些不愉快的事情和经历。最近有人问一个八十岁的老太太，她是如何让自己看起来如此年轻的。她的答案就是："我知道怎么才能忘记那些不愉快的事情。"

不能继续成长学习的话，就不能保持年轻；不能对周围保持鲜活的兴趣，就不能继续成长学习。我们天生要从别人那里获得很多精神营养。没有人能够孤立自己，隔断同朋友的联系，并保持饱满的精神状态。如果思想不能经常更新，注入新的元素，或者说老是接触陈腐保守的思想，那么人很快就会达到成长的极限，开始衰老。

对于人来说，除非一直在想自己正在变老，恐惧变老，准备老去；或老是同自己年龄相仿的人，尤其是同那些过早衰老的人进行比较，觉得自己和他们一样，否则，没有什么东西能让人更容易衰老。

一直想着"终结"，准备死去，准备过老年人的生活。这种做法就是承认你的体力正在衰减，承认你正在失去对生活的把握。这种意识很容易弱化你向生的原则性，使得你的身体逐渐对这种老化思想作出适应，开始衰老。

正是那种认为我们的体力正在衰减的观念，那种认为我们正在失去力量、丧失活力的意识，那种认为我们正在老去、生命力逐渐消失的信念，对我们的精神能力和功能产生了萎缩性影响。在这种年老观念的影响下，整个身体特征就会恶化。

结果，我们并没有运用或发展自身具有的抗衰老能力。我们常认为自己已经上了年纪，不再是原来的状况了，认为自己体弱多病，而正是这种消极想法削弱和损害我们身体内的再生力和抗拒力。

人的精神状况与身体老化的加速或延缓密切相关。

巴黎巴斯德学院的梅奇尼科夫博士说，人至少能够活一百二十年。可以肯定的是，作为一个生物种，我们让错误的思考、不好的生存环境以及自认为已经衰老的信念占去了很多时间，严重缩短了自己的寿命。

几年前，伦敦的国际顶级权威医学杂志《柳叶刀》给出了一个案例，极好地说明了精神力量对于保持身体年轻所具有的巨大影响力。一位女士因为被爱人抛弃了，而出现了精神问题，丧失了时间意识，认为他的爱人会回来。好几年过去了，她每天都会站在窗前等着他。当七十年过去后，一群美国人（包括医生）发现了她的情况，认为她年龄不过二十岁。看起来，她头上没有一根白发，脸上没有皱纹，也没有显现年龄的其他痕迹。她的皮肤和少女的一样白皙光滑。她没有衰老，因为她仍认为自己还是个少女。她并不想自己的年龄或为自己的年龄而担忧，因为她这些年来一直生活得很好。她坚信自己仍生活在她爱人离开的时候。她的精神信念控制了身体的变化，出现了实际的生理年龄和自己认为的年龄一样的情况。她的意识对她的身体产生了影响，保持了机体的年轻。

如果一到五十岁时，我们的大脑就开始僵化，精神能力就开始下降的话，那么这绝对是对造物主的侮辱。因为五十岁时，你还应该很年轻。衰老的外表（包括满头白发、满脸皱纹和其他衰老的迹象）会对你的年轻心态产生什么样的影响呢？精神的能力应该不断加强，不应该随着年龄的增长而下降。日益增长的智慧和精神力量应该成为显示你长久寿命的唯一标志。显示着人的标志性特征应该是强壮、美丽、气派、优秀，而不是虚弱、无用、老朽。

只要你坚持认为自己是六十岁的人，那么看起来，你就是那个年纪。你的年轻心态会体现在你的脸上，体现在你的整个外表上。如果老是有着老年的想法、老年的观念的话，那么你的身体也有所反应，开始衰老。身体就是思想意识的指示牌。

如果认为自己一直很年轻、充满活力、健康强壮、活泼愉快，那么衰老就不会影响你，因为积极的意识状态会使得身体内的每个细胞一直在分裂再生，更新换代。

如果你想保持年轻，就一定要不得那些危害年轻的东西。而没有比自认为已经老了，丧失了对任何事物（特别是对年轻人的娱乐活动和生活方式）的兴趣更能危害人的年轻了。当你不再有年轻人的雄心壮志的时候，当你拒绝参与年轻人的体育运动，不和孩子们嬉戏玩耍的时候，实际上你会感到自己正在衰老，感到身体开始僵化，年轻的精神不复存在，年轻时代的乐天无忧在慢慢消失。没有东西能保持你的年轻，除了多同年轻人接触。

不久前，有人问一个老人，怎么年纪那么大了还保持着一副年轻人的面孔。老人回答道，自己当了三十年的高中校长，喜欢和年轻人一起生活和运动，成为他们志同道合的一员。他说这让他满脑子都是年轻、进步和丰富多彩的生活，而不能再容纳任何的老年人思想。

在这个人的话语和观念中，并没有流露出任何的自认为年老的意识，有的反而只是一种充满活力的生命焕发的生活。

在我们的思想中必然存在着一种永不老化生生不息的意识活动。“要么不断成长，否则就会死亡”，这是一条普适万物的自然法则。

要坚定地相信，保持年轻是每个人正当的天然要求。要时刻提醒自己，任由容颜的衰老是一种不负责任的错误行为；上帝在造人的时候并没有让人变老和衰弱；误入歧途的人们关于衰老的认识和意识已经显现。

要不断告诉自己："我身体一直很好，人一直很年轻，我不会变老，除非产生了衰老意识，引起身体的老化。上帝希望我不断学习成长，永远保持进步和更好，我不会容许自己上当受骗而不再相信永远年轻的天赋权利。"

不论人们是不是对你说"你随着易逝的岁月也慢慢变了"，"你开始变老了"，需要做的就是要否认这些说法。要告诉自己："天然规律并不会变老，真理并不会变老，我就是天然规律，就是真理。"

千万不要在睡觉的时候老是想着衰老的景象或问题。使自己在睡觉的时候感到年轻比什么都重要；要消除那些所有的年老迹象、观念或感觉；不要关注和担忧自己心衰色暮。老是担心自己已经开始衰老，会导致大脑和细胞的老化。

你应该带着最美妙的期待、心怀最高尚的信念入睡。在你入睡后，精神依然运作着，你的期待和信念会逐渐增强。众所周知，不纯粹的思想和渴望非常有害，而纯粹的思想、高尚的目的和远大可行的目标则可以在你入睡后很好地控制你的精神。

尤其在你步入中年或年纪更长时，就该早上一睁开眼睛便为自己尽可能真切地描绘年轻的图景。要对自己说："我很年轻，我一直很年轻！很强壮！我永远活力四射！我不会衰老，因为我存在本身被赋予了神性，在神圣的法则中没有衰老可言。所有在我身上出现的衰老的痕迹都不是真实的，都是幻觉！"

最重要的是能够以年轻的精神模式去取代年老的精神模式。正如雕刻家遵循心中模型，生命的进程也将我们的思想和信念复制在我们的身体上。

我们必须摆脱一种已经深深嵌入内心的想法：我们活得越久，经历越丰富，做的工作越多，就会不可避免地越快地衰老，变得无助。我们必须意识到生存、运动、经历不但不会耗损生命而且会给生命带来更多的活力。既然“行动增强力量”是则真理，那么，相信这一理念的人怎么可能会因为行动而变得衰老和虚弱呢？

实际上，大自然已经赋予我们永恒的青春和持续自我更新的力量。我们身体的任何一个细胞都不可能变老，随着细胞的更新，我们的身体也在不断地自我恢复。既然身体的这些细胞可以如此的活跃和持续地更新，那么整个身体的青年活力的保持就不会是什么难事儿了。因此，所谓的衰老其实很大程度上就是人为的、反自然的。

生理学家告诉我们，肌肉的每个细胞组织每小时都会自我更新，身体的其他细胞每隔几天或几周也都会更新一次。虽然骨组织的细胞更新得稍慢一些，但专家指出正常人80% ~ 90%的细胞会在六到十二个月内完全更新。

科学家们已经证明身体的化学物质与保持身体永久的年轻状态有着密切的关系。任何失序的思想都会造成细胞的化学变化，产生异质物，带来有害于全部细胞的化学反应。

年龄的印迹就这么留在了新生的细胞上。这是一种思想的印迹。如果思想老化，细胞上就会有衰老的印迹；如果思想一直年轻和活跃，那么，留在细胞上的便是年轻的印迹。换言之，身体的衰老与否是由精神状态决定的，数十亿的细胞每时每刻都受到通过大脑的每个念头的影响。

将衰老的思想加在年轻的细胞上，犹如给新瓶装上陈酒。他们是天生的敌人，不可能相互妥协。结果只能是在思想的影响下，两岁的细胞看着像是五六十岁，甚至更老。衰老的思想竟可以如此迅速地使年轻的细胞变老，这简直是个奇迹！

所有混乱和冲突的思想都会妨碍身体自我更新法则的实施，因此，最为关键的是要建立一种与青春永驻的法则一致的思想习惯，一种可以持续自我更新的思想。

刻板、自私、担忧和恐惧的思想以及各种不良的生活习性都有可能导致外形的衰老，甚至还会加速老化。

悲观是青春最大的敌人。悲观的人都过早衰老，因为他总会想到事情不好的一面，他的精神始终处于混乱的状态。悲观者不可能进步，也不会保持年轻的心态。他习惯于退缩，而这种倒退的习惯恰是对年轻状态的最大的妨碍。开朗、乐观、愉悦和充满希望才是年轻的品质。

所有的反常都有可能导致衰老。对于那些总是焦虑和沉溺于过度激情中的人而言，不论他如何想尽办法使自己摆脱年龄的印迹，他都不可能年轻。精神的运作会产生各种各样的情况，是好是坏完全取决于思想的模式。

自私是一种反常，它会造成大脑的枯竭和细胞的紧张。只有快乐和幸福才能使我们保持年轻。自私却是幸福的敌人，它违背了我们做人的基本原则——公平、正义。我们应该和自私做斗争，应该本能地蔑视它。自私不会带来健康、和谐和幸福的感觉，因为它违背了我们做人的基本原则。

对于很多人来说，衰老是件非常恐怖的事，它会破坏幸福和舒适，会使本应该充满快乐的生活成为一场悲剧。

很多富有的人并不真正满足于他们所拥有的，因为他们总觉得自己随时可能一无所有，总是心怀恐惧。

任何形式混乱、失序的思想都有可能缩短寿命。

只要你总想着会老，总是紧张、焦虑，就不可能变得年轻。只要你还与这些青春的敌人为伍，就不可能保持年轻的状态。新的思想可以创造新的生活，而陈旧的思想只能妨碍成长——任何妨碍成长的思想都会加速衰老。

每时每刻居于主导性位置的思想都会对生命的理念产生重要的影响。精神的每一种暗示都会被记录在细胞的生命中，被印刻在品性中，被显现在记忆和外表上。如果年轻的思想控制着精神，那么，衰老就是不太可能的。全部的身体都听从主要的思想、情绪和感觉的安排，并最终将它们显现出来。例如，一个总是担忧、苦恼和恐惧的人不可能在思想里描绘出年轻的图景。除了思想的自我更新之外，世界上没有什么东西还可以用来抵制衰老。精神对身体的影响是绝对科学的。它遵循着神圣不变的法则。

如果思想正确，身体的每一个细胞都会散发潜在的健康力量。身体也会始终处于一种和谐状态，永远保持自身的完整性。这种身体细胞中潜在的健康力量可以通过正确的思考得到很好的生长，并且可以切实延缓衰老。

使身体的细胞健康成长的最有效方法是保持愉悦和乐观的心态。只要精神积极地面对生活，就不会再被苦难困扰。

保持年轻的心态：强壮，有活力，充满希望和期待，让它成为助你前行的明灯。要坚定地认为自己身体的每一个细胞的年龄都不可能超过一岁半，因为你的身体每两年更新一次。要坚信自己身体的年轻状态，因为它总在新陈代谢，理所当然是年轻和活力充沛的。

不断地对自己说："如果大自然让我每个月更新一次身体状态，相应的，如果数十亿的组织细胞也在不断更新，如果即使是极少数的最老的细胞也不会存在超过两年，那么，它们怎么可能会像六七十岁那样？"一个只有两岁的细胞不可能看着像七十岁那样，但经验告诉我们，年老的信念会让这些年轻的细胞看起来很苍老。如果身体总是年轻的，那么它就应该看着年轻，并且，只要我们不为它们打上年老的烙印，它就会一直看着年轻。美国人总是习惯于给自己年轻的机体打上衰老的印迹。然而，建立一种年轻的心态和养成年老的心态同样不是什么太难的事儿。

要想保持年轻，你必须知道自我恢复、自我更新的秘密所在。在思想和工作中，你都应该知道如何让自己恢复青春活力。过于艰涩、严肃的思想，精神的困扰，过度的兴奋、担忧、焦虑、嫉妒以及激愤情绪的放纵都会减短寿命。

当你着力培养自己对于有关每个个体健康的不朽原则的信念时，你会觉察到一种神奇的力量，它告诉你如何去恢复活力。我们都已经意识到存在于我们内部的一种生生不息的力量，它将我们与那神圣的法则紧密相连。当你始终怀有对那个伟大真理的信念时，会发现它有着惊人的疗效。

有些人非常善于让自己保持青春永驻的状态。他们从不会因繁忙的工作而感觉倦怠，因为他们的精神始终在自我更新、恢复。他们每每找些乐子让自己重新振奋精神。要想摆脱衰老的困扰，就必须坚持在精神中描绘充满美妙和荣耀的年轻的形象，让这一形象深深地印在脑海中。除非自我感觉年轻，不然，你不可能看着年轻。

很多人还没有意识到这一点，他们总是自我感觉很衰老，时不时地为自己的额头再凿上几条皱纹。他们那些苍老的想法烙在了只有几个月大的细胞身上，使它们看上去有四五十岁甚至六七十岁那么老。

千万别觉得自己在慢慢变老。当你开始感觉到老化时，要坚决地对自己说："我很年轻，我的机体每时每刻都在自我更新。我的生命每时每刻都从无限的生命之源那里获得新的体验。每个清晨我都是全新的，夜晚来临时我便得到了恢复，因为我始终栖居于神圣的生命之源中。"不但要坚持这样的信念，而且要时不时地对自己反复吟诵。把这一生生不息、青春洋溢的图景深深印入脑海，这样，你会感到自己的全部机体都充满着年轻的活力。任何情况之下都不要允许衰老的念头和暗示留在大脑里。要记住，你的所有的感觉和信念都会反映在你的身体上。如果你觉得自己老了，如果你像老人那样行动、言说和穿着，那么这些会很快反映在你的神情、脸庞、姿态和全部身体上。

年轻的心态应该成为一种生活习惯。

要坚信自己永远不会变老这一真理，因为它是一条神圣的法则。想象着自己身体细胞的运作，将它们生生不息、不断更迭的图景映入脑海。如此这般，那些有关衰老的想法和信念便无可乘之机。

年轻的心态会驱散衰老的念头。一旦你只能感觉到自己身体的不断运作、持续更新，你就会保持年轻和活力。

高尚的情操和崇高的信念是永葆青春的秘密所在。当心灵保持着对更加美好、崇高和高贵的事物的热望时，衰老就不会发生。这些都是保持年轻的重要力量。灵魂的衰老导致身体的老化。

生命应充满着喜悦。年轻是喜悦的同义词。如果我们不热爱生活，就不会感到生活是件快乐的事儿。如果我们不将自己的工作视为神圣的恩典，就会过早衰老。

要以愉悦的精神状态投入生活，心怀年轻的信念，不受年龄进程的影响。当我们开始考虑年龄时，就会想到虚弱、衰老和缺陷，而不会想到健康和活力四射。当你思考自身时，应当为自己描绘出一个年轻、健康和精力充沛的形象。多想想健康，多感受一下围绕在你周身的年轻和充满希望的精灵。人类的精神可以创造出有关自身的健康和青春的最完美的图景，并把它们变为现实。

炼金士们一直在寻找长生不老药，我们却发现它其实正存在于我们自身。其中的秘密恰是我们的精神。永葆青春只能来自正确的思考。我们觉得自己有多老就会看着有多老，因为思想和感觉决定着我们的外形。

让我们通过对美好事物的想象来为生活增添色彩。

据我所知，没有什么比爱更能延缓衰老——爱工作，爱同伴，爱所有事物。

爱是重新恢复生命活力和创造力、重新振奋精神的最大能量。爱唤醒了最高尚的情感、最敏锐的感觉以及人类最优异的品质。

试着去发现事物的灵魂、精神并与之同在，如此，便可以看到每个人最美好的部分。当你考察一个人的时候，要像上帝造他时所给予他的信任那样相信他不会如邪恶之物那般丑陋和懦弱。应除了美好的理念之外拒绝去看任何东西，这么做不但是对他人的帮忙，更是对你自己的成全。永远不要去关注丑陋和懦弱，而应坚守你那至高的理念。所有事物都平等地存在，但只有最洁净、最纯粹的灵魂才能长存。

和谐、平静和安宁对永葆青春来说至关重要。失序和失衡的精神状态只能导致衰老迹象的出现。对永恒真理的深思有助于加强信念，有利于使生命焕发活力，因为它扫除了恐惧、疑虑和担忧，它为生命带来了根本的保证和确定无疑的信心。

只有当身体的细胞因为错误的思想和堕落的生活而退化和僵硬时，衰老才有可能出现。无节制的激情和神经质的情绪都会迅速损伤身体细胞。

一直看起来很年轻的人往往是那些满怀崇高感、精力充沛、兢兢业业做事的人，他们也是一些在各自领域发挥重要作用的人。我们可以培养自己保持年轻心态的习惯，如同衰老对于我们而言也是一种心理上的习惯一样。

我们会永恒地存在于这个世界的最好证明是我们自身不断增长

的力量和智慧。我们应该在五十岁，甚至是六七十岁后还可以成就出色的作品。只要大脑依然活跃、年轻，只要脑细胞没有被太严肃的生活损坏，只要它们不常受担忧、恐惧、自私和疾病的困扰，精神的力量和活力会一直不断地增长。

如果我们相信生命的进程应是永恒的年轻状态而不是渐渐衰老，生命便会顺从这一信念。事实上，对真正的生活的忽视使人类在几个世纪前的平均寿命只有六七十岁。在现今这个人类自我解放的时代，不会再有人依然将自己狭隘地局限于那种有限性中。

智慧和仁慈的上帝不会在人类在对永恒的生命和青春一无所知的情况下允许人类对它们有所期待。这一神圣的断言切实抵制了一种存在着的严重失衡：一方面我们在这个世界上有着巨大的使命；另一方面，用来实现它的时间极为有限，可获得的机会非常匮乏。虽然所有生命都期待永存（动物也不例外），然而，人类所期待的并不仅仅是长久的生命，而且还有对从衰老所致的虚弱和行动不便中摆脱出来这一更大自由的向往。

没有任何迹象显示人类会随着时光的流逝而日渐虚弱、残疾甚至完全失去作用。相反，所有的迹象都指向人类更为强大、完善和充足的发展。怯懦、软弱和无用的人决不在上帝的计划之中。“退化”站在了所有法则的对立面。只有进步、不断壮大、持续增长才是人类自身的真理。上帝不允许退化的出现，它有悖于神的本质。“向上向前”是他所规定的宇宙万物的法则。假如上帝只希望人类有寥寥数年的光景去生活和成长，之后便陷入衰老和无助的境地，上帝的形象便会是无法想象的。上帝只允许和承认永恒的进步。对他而言，不存在倒退，所有一切都在驶向那神圣永恒的目标。衰老和无助的老者不过是上帝用来取笑人类的小丑。他的本意不是衰落和退化而是不断向上和向前。只要人类领会了这一意图，知道自身的存在具有决不倒退和衰亡的神性，那么，他们就会抛开所有的恐惧和担忧，所有进步和幸福的障碍都会被清除，所谓的衰老也会自然终止。

蒙神恩的人不会衰老，永恒的青春是他的宿命。

总有一天，人们会把年老视为仅仅是真实的人的虚幻和消极的想象。凋谢的玫瑰不是真正的玫瑰。真实的玫瑰是一种理念：每当一朵花儿凋谢，就会有新的花朵同时绽放。

真正的人正是上帝理念的产物，当新的一天破晓而至，人类就会看到这一完满的理念。他会明了这一赋予他自由的真理。当那天来临时，他会从几个世纪的困窘中摆脱，从容伫立，此刻，他已成为完满的存在，成为真正意义上的人。

第十章 自信的奇迹

那种愚公移山的信念，体现的是一个人对自身能力的坚信。

——玛丽·冯·爱伯纳–艾森巴克

“我们可以改变自己的命运，可以很大程度上决定它的走向，而非仅被动地承受命运所加附于我们的，成为它的受害者。”

“你的理念恰恰预示着你最终的成就。”

米哈波说道："若非那无时无处不可获得的成就，我们凭什么以人类自居？"除了相信自己的优异，坚信自身的杰出能力，没有什么可以激励一个人去成就伟大的事业。要把那些动摇你的信念的人视为你的敌人，那些在你决心做事后，依然让你对自身能力产生怀疑的人也应是你的敌人，因为对你而言，失去自信即意味着失去能力。自信心有多大，成绩便有多高。当你怀着对自身能力的怀疑和恐惧去期待某种事业的杰出成就时，这情形就如同拿破仑期待自己的部队翻越阿尔卑斯山，并且声称这项成就实在是太伟大了。

拥有强大自信的人们已经创造了文明的奇迹，他们往往对自身创造历史的能力具有坚定不移的信念。如果不是由于这些人的胆识、决心以及对宏大抱负的坚持，人类社会将难以发展到现在的程度。

对自己崇高的期望是获得成功的法则。首先，必须具有强烈、坚定的自信心，否则什么事都不会发生。在至高的律令面前没有例外。所有事物都不仅是原因，而且是与结果密切相关的充分条件。种瓜得瓜，种豆得豆。伟大的成就只能来源于强烈的渴望、充足的自信和不达目的而誓不罢休的努力。无论多大的能力、多高的天分、多杰出的教育，一个人最终的成就只取决于他的信念。如果你认为你行，你便是行；如果你认为你不行，那你便注定不行。这就是不可改变、无可辩驳的法则。

不用在意其他人如何看你，不用在意他们对你的计划和目标的看法。他们视你为空想家也好，认定你是怪人也罢，你都不必在意，必须相信自己。对你而言，失去自信便是自我放弃。不要允许任何人、任何灾难动摇你的自信。即便你会失去财富、健康、名望甚至是他人的信任，但只要你依然拥有对自己的坚定信心，你就还有希望。只要你不失去自信且继续奋勇向前，那么，世界迟早会为你让路，所有问题终会迎刃而解。

一个士兵去给拿破仑送信时一直非常担心他的马会在回去的路上暴死。拿破仑将回信交与士兵后命令他骑上自己的马以最快的速度把信送回去。

信使看着那佩戴着皇族饰物的战马，说道："陛下，这对于一个普通士兵来说，可是太高贵、太奢侈了。"

拿破仑说："没有什么对法国士兵来说是过于高贵的，我们配得上最好的。"

世界上有太多的人，他们像这个可怜的法国士兵一样，总认为别人的优秀对于他们而言是高不可及的，是他们的卑微处境所配不上的。他们从未想过自己可以成为惹人羡慕的幸运儿。他们没有意识到这种自我贬低的精神状态多大程度上削弱了自身的实力。他们为自己所要求的，对自己所期待的都远远不够。

如果，只按照侏儒的标准来要求自己，就永远不可能成为巨人。侏儒的思维里没有巨人的基因。什么样的选择成就什么样的人生，内心的思想就是现实状况的预言。

很多人被教育成这样一种人，这些人认为他们不会得到世界上最美好的事物，认为生活中美好的事物与他们无关，认为美好的一切都是仅为"幸运儿"们准备的。他们以卑微的心态成长起来，除非意识到优秀是每个人与生俱来的权利，否则，他们会一直卑微下去，一直在竞争中处于劣势。有太多天赋异禀的人只做着一些琐碎杂务，过着碌碌无为的生活，原因正是在于，他们没有为自己要求足够多，没有对自身期待足够大。他们不知道如何将自身的能量最大化地激发出来。

正是因为人们没有充分地为自身考虑，所以人类整体上无法实现充分的发展，所以到处可见才华横溢的人从事平庸的工作。我们没有意识到自身的天赋；这些天赋能力将决定我们的人生起伏、成败荣辱。

我们没有充分考虑到自己与生俱来的优越性，也很少能够充分思考自己的理想人生、自己身体内蛰伏的巨大潜力和漫漫人生的诸多可能性。我们无法认识到可以主宰自己的命运，可以去做所有可能做的，去成为我们期望自己成为的人。

玛丽·科雷利说："如果我们仅选择成为土块儿，那么就只能被勇士踩在脚下。"

总有一些人认为，自己不如别人优秀、自己一无是处，无疑，这会降低他的整个生活水准，会把身体内高贵的创造性冲动闲置起来。

自信、积极、乐观、以必胜的信念从事工作的人扭转了境况。他让自己如实地兑现了那个承诺："对于每一个如其所是那样的人，都会得到应得的富足。"

去做我们想做的事情，全力以赴，必能如愿以偿。如果你充满雄心做大事，就要做好长远规划，做好必要的工作。

即使我们对自己有一个总体上正确的估计，即使我们坚信自己必将获得最终的胜利，我们仍会遇到功亏一篑的打击，但是，只要你继续保持激情和坚定，这些都不在话下，它们只会吓唬那些自暴自弃的消极主义者。

我们经常听说，有的人“一路走来成功不断”，或者“能够点石成金”。这只是说，通过人格的力量和思想的创造力，一个人可以在非常不利的环境下获得成功。

自信是成功之母。一个总是带着胜利雄姿的人，周身散发着对问题的准确把握，由此也就向别人传递了一种信息：他能做到他想做的一切。随着时间的推移，他的心灵更加强健，这不仅来自他自己思想的力量，更是由于所有认识他的人的信任和肯定。

他的朋友和熟人一再肯定他的才能，从而让成功变得越来越容易。他的慷慨、他的信心、他的能力都直线增长，直至足够使他成功。正如一位印第安土著人所说的，对敌人的每次征服都大大增强自己的力量。同样，置身现在的生活，无论在战争中、在职场中、在商战中、在发明创造中还是科学研究中，抑或在艺术创作中，每次成功都增强了我们进行下一次攻关的实力。

坚决地将注意力贯注于你想要完成的事情上，明确目标、满怀激情、充满坚毅和果敢，那么，无论任何事物都不能阻止你迈向成功的步伐。

坚信我们的优越性和力量，坚信自己，把成功作为自己与生俱来的权利，所有这些都使整个人焕然一新，都使我们不再怀疑，不再恐惧，不再犹豫，而是满怀信心和希望。

头脑拥有了信心就如同一支部队拥有了拿破仑，它能够大大增强其他所有精神要素的力量。整个精神部队都在等待“信心”带领他们前进。

在丧失信心的情况下，即使一匹赛马也会与奖牌失之交臂。勇气，来自自信，能够激发出最后一丝力量。为什么如此多的人失败？因为他们没有超越常人的自信，没有决不回头的执着，没有背水一战的勇气，没有不惜一切代价争取胜利的气概！是否足够坚定决定了我们能否在成功的大道上高歌猛进。仅仅这点不同决定了我们能否全身心投身于事业，决定了我们是成为平庸之辈还是人中豪杰。

对于已经开始的工作，如果你害怕自己难以胜任，如果你认为别人比自己更适合这项工作，如果你不敢抓住机会充分发挥自己的才能，如果你缺乏勇气，如果你羞怯胆小，如果在你的人生词典中消极词汇占多数，如果你认为自己缺少积极性、创造性和进取心等能力要素，除非你改变整个精神取向，学会充分地相信自己，否则你永远不会获得成功！必须把恐惧、犹豫、胆小怕事等消极性格清除出自己的精神世界。

你对自己的定位是你能否成功的最好标尺。如果没有山登绝顶我为峰的豪气，如果没有勇敢无畏的胆魄，如果没有坚定不移的自信，你绝无可能取得成功。

泉水只能流向比泉眼更低的地方，一个人的信心决定他在事业上可以达到的高度。

力量很大程度来自，在预定了伟大的人生目标并雄心勃勃去实现的时候，所进行的持续深入的思考，这是力量之源。

行动必须首先存在于思想中，然后才会变成行动；对我们想做的事情有一个明确而强烈的感知是做成此事的第一步；思想一旦产生即可发挥作用。要同时兼有强烈的信念和坚决的执行力！

所有伟大的成就在一开始都类似于幻想，由于难以实现一度令人绝望。但是这种对成功的渴望激发起高昂的斗志，使得为了实现理想，可以很容易地做出自我牺牲。

“听从你的信念的吩咐！”我们从生活中所获多少取决于自身信念。意志薄弱之人所获无几，意志顽强之人则所获颇丰。

信心之充足或贫乏与你的成就大小紧密相关。通过分析许多白手起家而做出辉煌成就的案例，我们会发现当他们开始迈向成功的第一步时，他们满怀信心、顽强执着，对自己达到目标的能力有着坚若磐石的信念。这些成功者的精神顽固地扣紧目标，一切怀疑、恐惧都只是纠缠、阻碍、恐吓那些自信不足从而不敢对自己提出过高要求的人，后者被逐出了通向成功的道路，从而为前者扫清了障碍。

我们总是认为那些顺利获得非凡成功的人是受命运垂青，我们努力用各种方式去解释这些成功，却独独没有选择最正确的方式。事实是，他们的成功代表了他们对理想中的自我——他们的创造力、积极性和习惯思维的总和。是他们的精神状态让理想成形并近在咫尺。通过建设性思考和对自我的不可遏止的信念，他们到达了现在的位置。我们必须相信，彻彻底底地相信，我们一定成功！我们必须牢牢地记住，我们一定能够摘得成功的桂冠！

没有激情和渴望，就不要幻想任何成就。必须对未来满怀期待，坚定信念，必须行事果断，执着付出！我们必须精力充沛忘我投入！

不仅要把成功的渴望保持在顶点，而且要把全部努力投入在实现目标的事业中。

只有极度高温才能熔化铁矿石，进而浇铸成型；只有强大的电流才能熔解金刚石这种已知的最坚硬的物质；所以，也只有目标明确，执着前进，才能获得成功。三心二意或犹疑不决将一无所获。

许多人在一生中表现欠佳，那是因为他们动力不足，努力不够，在该决断时优柔寡断，舍不得付出心血，毫无斗志。

一个人必须做到心意已决，决不回头，不知失败为何物；必须果敢坚毅，背水一战，为获成功敢于冒任何风险，付出任何代价。

当一个人认为命运在玩弄自己，失败是自己的宿命时，他便放弃了奋斗，也放弃了自己。这时，你所能做的只有帮助他跳出思维怪圈，恢复他已经失去的信心，让他认识到自己能够战胜命运，自己心灵的力量比任何外部力量都更强大。

之所以我们大多数人的事业都屡遭磨难，那是因为我们自身的信念不够强大，我们对获取成功的能力信心不足。我们羞怯懦弱、惧怕冒险，我们谨小慎微、不够勇敢，由于这些弱点，我们距离成功越来越远。请记住，我们渴望、羡慕、为之奋斗和长期坚守的，正是我们将要得到的，我们的耐性有多强，我们的渴望有多强，我们的成就就有多大。因为俯视自己，我们认为自己非常渺小，没有优势；我们应该仰视自己，这样我们才能达到一个优秀者应该具有的高度。一个执着于事业的人，不是在为成功而奋斗，他本身就是一种成功。

自信不是自高自大，而是一种知识，它来自对自身素质的深刻了解，他深信这些素质足以促其成功。今天的文明建立于自信的基础之上。坚定的自信帮助一个人获得难以抵挡的力量。左右为难，举棋不定，会让你失去了事业上的爆发力；左右权衡，犹疑不决，只会让前进路上的你忐忑不安；如果你拥有蓬勃的创造力和坚定的意志力，你前进的征途将会一帆风顺！

在“我大概能做到”、“我会努力做到”和“我知道我能做到”、“我肯定能做到”这几种态度之间是存在巨大差别的。更不用说还有一种人，他在内心深处感到一股类似于危急时刻催促他前进的力量。在确定和不确定之间，在举棋不定和果断抉择之间，在“我希望”做到和“我能”做到之间，以及在“我努力”做到和“我肯定”做到之间，些微差别就显示出孱弱和强大、平庸和卓越之间的巨大分别。

若想成功，必须能够全身心投身于工作，不断地积蓄克服下一个困难的力量。任何一个困难都必须得到及时彻底的解决，动摇不定、怀疑不决、情绪不稳只会让自己在困难面前遭遇惨败。

那些在其他人看来特别困难或几乎不可能做到的事情，有的人却明确地相信自己可以做到，这说明，他的某些素质使得他能够完全胜任他所做的这些工作。

信念把人和永恒相连。若想在一生中建功立业，必须让我们的工作关乎人类永恒的事业。当一个人和上帝如此接近，以至于任何时候都可以感受神的存在时，他就处在了一个可以展示自己力量的位置上。再没有什么其他东西可以像自信那样大大增强人的力量了。有了它，十分之一的智商也可以获得成功，没有了它百分之百的智商也只能收获失败。

信念处于精神之巅，统揽全局，像一位将领，他能看到普通士兵所看不到的一切。

强大持久的自信心造就了哥伦布。由于自信，当面对西班牙政府的嘲笑和非难时他仍然意志坚定；由于自信，当在无名海域遭遇水手哗变，形势岌岌可危时，他仍然沉着应对；由于自信，他坚持自己的目标，每天的日记本都记载了他实现理想的过程——“今天我们向西航行，这正是我们要走的航线。”

还是这种自信，赋予富尔顿勇气和决心驾驶克莱蒙德号进行第一次汽船试航，在哈德逊河口，成千上万的人聚集起来嘲笑他的荒谬行为，等着看他出丑。他相信自己会成功，虽然整个世界都在怀疑他。

自信书写了多少奇迹，自信又促成了多少看似不可能完成的壮举！自信带着杜威穿过加农炮、水雷和地雷组成的防线直达胜利；自信带着绑在缆绳上的福利哥特（Farragut）成功穿越敌人的蒙拜尔湾（Mobile Bay）防线；自信还引领尼尔森（Nelson）和格朗特（Grant）走向胜利；在发现和艺术的领域，自信是成功的催化剂；在战争和科学的领域，由于自信，无数被怀疑论者和胆小鬼视为不可能之事千百次地被完成了。

自信已经成为这个时代的奇迹制造者。自信激励发明家和探索者在困难和麻烦之中不断前行，若非自信的支撑，他们早已气馁。自信激发无数英雄的昂扬斗志，激励他们奋勇向前直至摘得成功的桂冠。

所谓卑下仅仅是我们自己强加给自己的。充分理解我们内在的神性，我们就能获得只有无畏的灵魂才具有的伟大自信。我们的思维方式令自己变得渺小，如果能够仰视自我，我们将达到一个优秀者应有的位置。

大概没有什么像低估自己那样让如此多的人止步不前了。造就失败者的不是其他，而恰恰是限制性思维、自我否定等内在因素，因为一旦自我否定，全世界都不可能再有什么力量能够帮到他了。在做任何事情之前，必须先有自信！你永远不可能突破自我设置的罗网！

对于难逃一死的凡人来说，最难的事情莫过于让他们相信自己的伟大，相信自己有理由追求更崇高事物。正是这强大的自信和对美好事物的渴求，使我们的理想更易于实现，它们是实力的标志，是内心爆发力的源泉，是走向更高、更强的呼唤！

在强烈的自信产生之前，在突然瞥见更高更强的自己之前，在认识到自己的雄心壮志恰恰标志着我们实现美好理想的能力之前，没有人能够走得很远或表现出很强大的实力。当冬天来临鸟儿靠本能飞向南方时，造物主不会因为没有给予它们阳光灿烂的南方而嘲笑鸟儿的愚蠢；同样造物主不会因为没有给予人类实现无穷目标的能力而嘲笑我们实现理想的渴望。

你的一生能够获得什么样的成就，其原因都根植于自身。你得到了你孜孜追求的东西，那是因为你的思想创造了它，你内心的某样东西在吸引它，你的心灵因为它而充满激情。实现理想只是在寻找自我，走向自我。

当你看到一个人在某个领域做出了了不起的成就，一定要记住他在成功之前就已经把自己放在了成功的位置上，他的精神姿态和工作干劲创造了现在的成就。正是他对人生、对同事、对职业以及对自我的态度创造了现在的成就。最重要的是要自信，要了解自我，相信自己的实力和潜力。

所有获得伟大成就的人都是对自我有深刻认识的人。

如果要我给美国年轻人一句忠告，那便是：尽一切可能相信自己。也就是说，相信命运掌握在自己的手中，相信在自己身体里有一股力量，一旦被开发出来，加上忘我的付出，不仅能把自己塑造成贵族一般，而且还能使你变得成功和快乐。

我们发现《圣经》通篇强调的就是信念创造奇迹的力量。内心的信念是指一个人看到了存在于自身的力量能够克服目前的障碍，或者使这些障碍与克服它们的能力相比不值一提。

信念打开一扇门，让我们可以透视灵魂中的可能性和有限性，并且释放更多难以遏制的力量，进而我们不仅受到不断前行的鼓励而且感受到自己新鲜的力量，因为我们知道什么是无所不知，看到了事物的伟大源泉。

信念存在于我们内心，它知道一切，因为它看到了我们野蛮的自我，而这是我们动物的本质所看不到的。信念是我们内心的先知，是上帝任命的信使，它奉命在一生中陪伴、指导和鼓励我们。它让我们看到了自身的诸多潜力，让我们不要灰心丧气，不要停止向上奋斗的努力。

我们的信念知道一切，它看到我们的所有潜力和可能性，这些恰恰被恐惧和疑虑遮掩住了。信念是确定性，是决不害怕，因为它看到了出路，看到了问题的解决之道。信念影响我们更美好的生活，关系到我们更高更神圣的精神王国。对拥有坚定信念的人来说，一切皆有可能，因为信念能够辨认出造就成功的力量。

如果我们信仰上帝和自己，我们就可以移除所有大山一样的困难，我们的人生就会像一次胜利的征程，走向宏伟抱负的实现。

如果我们拥有足够的信念，我们就可以治愈所有疾病，实现所有可以实现的梦想。

有信念就决不会失败，它是奇迹的创造者。它能穿透层层阻隔看到最终的目标。

是犹豫和畏惧，胆怯和懦弱把我们拽了下来，让我们在本可以完成崇高事业的时候去做细枝末节的事情，致使我们平庸至今。

如果信念足够坚定，我们就应该以更快的速度无限接近上帝。每个人都有充足信心的时代终究会到来，到那时没有了贫穷，没有了失败，所有纷争都尽数消失，所有人都将过上幸福美好的生活。

第十一章

肯定和呼声

寻找一个敢于如此伸张“自我”的人。

“我应该做我能做到的一切，
我能做到我应该做的一切，
对于我能做到并且应该做的一切，
上帝保佑，我会做到的。
我已经向上帝保证，我会做到的。”

我们难以设想是何等巨大的力量支持林肯在1962年9月22日决定发布《解放宣言》的，这种力量在林肯的日记中曾经成为庄严的宣誓："我已经向上帝保证，我一定做成此事！"

回到那个时代，怀疑、事关重大以及前途未卜，使得林肯迟迟不能作出决断；但是在写下日记的当时，他已经庄严地决定背水一战并且从此把自己献给了这个伟大的事业。

关于德雷福斯（Dreyfus）曾经试图逃脱魔鬼岛的错误报告出炉后，他的看守增加了一倍，每天晚上他被锁链绑在镶铁皮的木板上，直到他的腿由于长期溃烂而血肉模糊并生出了坏疽。这位情绪沮丧的俘虏知道看守他的狱卒是奉命要把他折磨死，但是他顽强地反复告诉自己："我要活下来！我要生存！"谁能怀疑，就是这种天真的做法，这种对自己热情的鼓励，造就了这个人近乎超人的意志力，使他从岛上的严酷刑罚之下生存下来。

几乎没有人认识到，在对我们长期向往并执意得到的事物的持续、热情的肯定之中，存在着巨大力量。在对自己实现目标的能力的坚定信仰之下，在强大的肯定性力量和永不退缩的决心之下，伟大的事业才得以完成。你对自己的信任程度与你的成就密切相关。我们需要充足的爆发力。以闪电般的速度巨大的炮弹可以轻易射穿轮船的铁甲，一旦速度变慢难度就会急剧变大。

那些经常说“如果上帝愿意”或“如果天意如此”，他们就会这样做或那样做的人，几乎没有意识到这个“如果”所表达出来的怀疑态度已经瓦解了他们的积极性，并且一手制造着消极思维。如果造物主赋予一个人做一件正确而善良的事情的力量和意愿，他会非常希望这个人把此事做好的。

然而我认识一个人——事实上有成千上万像他那样的人——他从来不会申明自己将要做什么，因为他认为那是在怀疑主的意志。

没有什么东西能够像持续的自我肯定那样让一个懦弱的灵魂充满十足的把握，能够让一个总是贬低自己、漠视自己的人重拾信心。“我勇敢，我健康，我精力充沛、毫不畏惧，我信心十足。我不知饥馑，因为我拥有取之不竭的力量源泉；我富足，因为我继承了普天下所有的财富。”让自己始终如一地坚持下去，你终会成为你想要的样子。不要说“某个时候我会成功”，而是要说“我是一个成功者，成功是我与生俱来的权利”。不要说将来你会幸福，对自己说“我为幸福而来，我很幸福”。

把我们渴望的目标当作已经实现了的生动现实，这种习惯有着巨大的力量。持续而有力地强调“我很健康，我充满活力、拥有力量，我坚持原则、掌握真理，我正义而美丽”。由和谐、真理、正义、美貌组成的完美想象有益于彰显我们生命中的这些美好方面。

“我就是我所认为的那个人，而不是其他。”一个沉浸于物质现实、生来只为赚钱的人，相信并且知道他能赚到钱。他不会每天早上对自己说：“哦，我不知道今天能否赚到钱，我会努力的，我可能会成功，也可能会失败。”他只是简单而积极地强调他能做到他想做的，然后就开始把赚钱的计划付诸实施。

如果你只是重复“我很健康，很富有，我这样或那样”却从不相信这些话，那么这些绝对不起任何作用。你必须相信你所肯定的这些。

几乎没有人相信，勇敢地自我肯定所能带来的巨大创造力。但是一些人一旦正确地把这个理念付诸实施之后，就再也不会怀疑其效果了。

纽约有一位负责训练歌剧演员的杰出音乐家，他建议一位音乐水平很高但缺乏自信的姑娘每天站在镜子前面，摆出高贵的姿态，用尽所有力气对自己说:“我，我，我。”音乐家告诉她，要肯定自己，把自己想象成歌剧里的主角。通过不断地设想这样的场景，扮演这样的角色，渐渐就能获得自信的习惯，对于她来说，这比任何东西都更重要。

“把你自己想象成娜迪卡（Nordica）或帕提（Patti），”他说，“勇敢地承担那个角色，让你自己表现出和那个角色相应的尊贵和权力。”她认真地照着这个建议去做，所收获的远不止是音乐课上的分数。这种训练极大提高了她的自信，很快克服了害羞和胆怯的毛病。

大声提示的自我训练虽然只是这种肯定原则的延续和扩展，却对自我提升起着极其重大的作用！

认真有力的“谈话提示方式”比默默思考更能有效地唤醒潜意识中沉睡的力量。而对决心做成某事的强有力的赞许也让我们更加强大。不断把决心讲出来，让我们的意志力更加强大，这是一种美德。这些方式致力于唤醒潜意识中的天赋力量，这些力量一旦被开发出来将创造奇迹。

大声地喊出某些词汇能够带来力量，这是默默浏览相同的词汇做不到的。这些方式有时候能够激发内心潜伏的能量，非单纯思考所能为，尤其是当我们没有受过深度思维训练和注意力训练时更是如此。大声喊出来能够让这些词语在心中留下更持久的印象，就像相比于只是默默记一遍这些词语，它们从纸面通过眼睛到达大脑会给大脑更强烈的刺激。同样，真实地看到某物比单纯想象会留下更深刻的印象。

内心生气勃勃的力量再辅之以声音的刺激，特别是要热烈真诚地发出这些声音，其效果是那些只会呆呆思考的人想象不到的。相比于默默解决问题，大声地重复那个坚定的决心，感情强烈，激情四射，你的目标会更容易实现。

我们已经如此习惯于默默思考，以至于大声地说出自身所想会给自己留下更深刻的印象。

这种听觉上的自我激励措施会产生绝妙的效果，能够克服我们的弱点，弥补我们的缺陷。

一位非常成功的朋友谈到，向自己谈论自己的缺点和错误令他受益匪浅。他将其称为和自己“心与心的交谈”。如果他认为自己的抱负不再强烈了，就会进行自我精神训练，以增强自己的进取心。如果他认为自己的人生水准降低了，就会通过日复一日地强调自己有能力 做到更好，爬得更高，来重新放飞梦想。

每天早上他都会怀抱这样一个决心出发：到晚上的时候我会成为一个比早上的自己更伟大的人，我会为更大的目标而奋斗，在我的圈子里我会产生更广泛的影响力。他向自己诉说昨天的失败和今日的规划，比如，早上起床时他会这样开始：“好的，约翰，昨天你发脾气了，你犯了一个早已有人犯过的错误！哦，令人崩溃！你表现得像个傻瓜，你的员工不会像以前那样在意你了，你本来是要做大事的，而这件小事却牵扯了你的精力。今天不要再犯这样的错误了，如果不能超脱于迷惑芸芸众生的细枝末节之上，你就只能成为一个小人物；如果你不能超脱于办公室的琐事之上，你就成不了领导！”

这位朋友最大的弱点在于犹豫不决。往往把事情拖到最后一分钟，而从不过问。直到不得不作决定时，未处理的信函、文件、合同已经积攒了一大堆，他才被迫重新考虑他们。

他告诉我，他最终克服了这个弱点，方法就是长期地告诫自己这样做何等愚蠢，这种犹豫不决的习惯如何阻碍整个事业的成功，而做大事者又是多么需要迅速果敢的决策作风。

不论什么样的缺点，浪费时间也好，总是迟到也罢，抑或是容易发脾气、暴躁易怒、喜怒无常，他都通过“交谈”的方式改正过来。在交谈中，他直呼自己的姓名，心中装着另外一个更完美、更神圣的自己；不断地向自己展示他理想中的那个形象，不断地肯定自己具有这种能力。他说，他所做过的任何努力其效果都比不上这种和自己交谈的习惯。

另一位纽约的年轻人告诉我，每天早上他都步行穿过中央公园去上班，为的是得到一个单独和自己交流的机会。

在这种交流中，他告诉自己，在这一天里无论发生什么，他都不能失去自制；他必须在各种情况下都做一个绅士；自己的宝贵精力不能消耗在焦虑、担心、不幸等消极情绪上，他必须把心情调整到最佳状态，高效率地开展工作。

他认为，每天早上的这种自我调节不仅帮助他在当天的工作中获得更高的效率，而且让他的心情更加轻松愉快。它带来了额外的能量，并且促使他的工作越来越出色。自从接纳了这种自我认同、自我激励的习惯，他获得了令人惊讶的进步。

像对这位年轻人一样，和自己交谈的习惯对每个人都会有所助益。在这种交谈过程中，把自己想象成另外一个人，你对他特别感兴趣，并给他提了最好的建议。每当你要和自己交谈的时候，最好远离其他人，这样你就不必考虑他人的存在，顺利地和自己开展对话，如果需要的话还可以和自己激烈争辩。很快你就会惊讶地发现它们已经多么深入地扎根在你的意识之中，并且你是多么乐于接受你亲口给"自己"提出的建议。

如果你的一些恶习正在阻碍你的前进，使你丧失生活的动力，只要不断地对自己强调下面这些话，你改掉这些坏习惯的能力将得到显著增强："我知道这些玩意儿（叫出它的名字）正在消磨我的斗志。我算不上精力充沛，体力和意志力都不够强健，我办事效率低下，思路不够清晰，不能很好地控制自己的情绪，若非这些弱点的阻滞，我本可以做得更好。

"这些恶习让我处在人生中的不利位置；它让我与其他人相比不被欣赏，备受嘲笑和奚落。虽然某些人比我获得了更多的成就，但是我知道我比他们的能力更强。现在我要改正这些破坏我的前途的不良习惯了。我要不惜一切代价为自己争得自由！"

面对自己内心的邪恶，请对自己说："没有什么比破坏未来的幸福能更快地污染灵魂了。这个该死的行为是对我理想中的女性形象的侮辱，是对我未来妻子的侮辱，是在对我未来的孩子犯罪。再没有什么能像这位破坏者那样如此丑化我的男子气概，如此破坏我的人格，摧毁我的自尊。在此，我对神发誓，一定克服那些可恶的弱点，它们让我眼睁睁看着机遇溜走，让我贬低自己，不能成功。我鄙视那些坏习惯，它们让我落后于人，它们让我成为失败者，成为不够格的男人。我不会幻想过段时间什么人会帮我克服这些恶习，或者过些时候什么人会帮助我获得力量，这种幻想非常危险，因为我知道纵容这些恶习深深地遮住了我透视它们的双眼，让我没有办法找到一条光明大道。"

任何独处的时候都可以和自己倾心交谈，你会惊奇地发现这些说出来的建议可以多么迅速地减轻恶习的束缚。短时间内，自我谈心就会如此显著地增强你的意志力，以至于你可以完全克服自己的弱点了。

但是你必须积极地肯定自己克服弱点的能力。如果你只是对自己说："我知道这种坏习惯对我不利。我知道如果继续酗酒、吸烟或行事不端就会影响我的成功，但是我简直不相信自己能够克服它，它牢牢控制着我，难以挣脱。"那么你肯定不能取得进步。

要经常性的勇敢肯定自己克服不良习惯的能力，对自己说："我降生于世不是为了受邪恶、烟草和酒精左右的。我把上帝装在心中不是为了沉溺于放荡的生活。当我内心潜藏着这些敌人时，它们侵蚀我的才能，降低我的道德底线，赶走我人生中的机遇，让我无法充分施展本领，不能成就理想中的自己；我受它拖累一次已经足够了，我对原来的嗜好已经没有了胃口，我不需要也不想要，我再也不会碰他。我生来是为了高扬头颅、做一个真正的男人——做属于男人的工作。我的内心存有神性，拥有上帝意志的人当然能够扫除这些事业上的障碍，我会做到的！"

如果你没有立即得到解脱，请不要失望。继续满怀信心与自己交谈，不要放弃，要经常地肯定自己，无论什么样的弱点都一定有能力克服它，并且一定会去克服它。你的意志力会帮助你，但是信念要比意志力强大千万倍；始终强调你本身存在的神性力量能够帮你最终清除前进路上的所有障碍。一旦你窥视到藏于自身的神性力量，并且感受到来自它的帮助、懂得信任这种帮助，你会发现自己和上帝总是处于上风，没有什么力量能够与你为敌。

刚开始的时候和自己说话可能看起来很荒唐，但是你能从中得到如此多的收获，你会主动寻求此种方式以修正自己的缺陷。所有弱点无论大小都可以经由持续的自我谈话方式得到解决。例如，你可能天生胆小怕事羞于见人，你可能怀疑自己的能力。那么，你可以通过每天的自我谈话的方式使自己确信你并不懦弱，相反，你是充满勇气和胆量！使自己确信没有理由畏惧不前，因为你和别人没什么两样，并且毫不逊色，因为你魅力无穷，也懂得如何在众人面前展示自己。对自己说，再也不会允许你怀有妄自菲薄的心态了，你要昂起高贵的头颅，像国王和征服者那样傲视这个世界，而不要像丧家之犬一般埋首徘徊。要向全世界宣告你的男子气概，你的独立个性。

男人生来就应该站得笔直，目光向上，终其一生都要挺直腰板，以无所畏惧的气概面对这个世界。男人来到这个世界不是为做懦夫，不是为酒精，不是为道歉和贬低自己的能力。

如果你缺乏首创精神，就要勇敢地肯定自己的能力，乐于尝试，有始有终。面对崭新的机遇，要不断地坚定决心，敢于行动。

如果你忸怩害羞，不敢在众人面前表现自己，总是轻视自己，认为自己不如别人优秀，那你一定要去除所有这些错误想法，下定决心、抓住一切机会锻炼和加强公众场合的表达能力。不要想着被人注视或被人嘲笑，要把自己想象成王子或公主。如果你受制于自我意识或过度敏感，要经常对自己讲："我是王子，考虑我是否比得上别人是毫无道理的。我只是四处走走，就好像看看自己的国家和城市，各种局势都在我的掌控之中。"

如果你是犹豫不决的受害者，如果你每时每刻都在各种选择之间左右权衡、反复考虑，要大声而且明确地制止自己，并且从今往后要迅速行动，不给各种疑虑留下影响你的空隙。告诉自己，不犯错误的最好办法就是什么也不做或者永远按照老规矩行事。

如果你经过艰难抉择终于下定决心去做你知道自己应该去做的事，那就独自一个人找个地方好好地振奋精神。和自己交谈，就像和深爱的朋友交谈。你知道你这位朋友满腹才华，唯独缺乏勇气。让自己充满力量，让自己再现活力，塑造全新的自己吧！

通过自我交谈，如果你真诚地面对自己，持续有力地肯定自己，你会惊喜地发现你可以多大程度上提高自己的勇气、信心和把想法变为现实的能力！

我认识一个曾经非常腼腆的年轻人，在他少年时期竟然因为怕撞见熟人而横穿马路。当一个偶然的机会，陌生人对他讲话时，他完全蒙了。在这之前他一直在贬低自己，瞧不起自己的能力。事实上，我没有见过任何人像他那样无视自己的才华，他严重缺乏自信，因为胆怯而一事无成。然而，现在他已经完全克服了这些弱点，靠的就是自我交谈的方式。

他告诉我他常常到郊外去，和自己郑重地谈论自己的缺点。"好的，亚瑟（Arthur），不管你身上有没有这些缺点，我都会找出来。"他说，"别傻了。只要你敢于去做，你和别人一样优秀！昂起头，像个男人的样子！不要怕面对任何人，像其他人一样在人群中四处穿行！放弃贬低自己的怪异行为吧！不要认为来到这个世界是个错误，不要整天像亏欠别人似的，更不要认为你占据了本该属于别人的资源。你是上帝的孩子，在这个绿色的快乐星球上，你拥有和其他人一样的权利！"

当这个年轻人把一件事完成得很棒或觉得自己充满男子气概时，他又从对自己的赞许和欣赏中获得自信和成就感。每每这时他就会对自己说："亚瑟，做得好！你干得漂亮极了！我为你感到自豪！这说明你有能力做好这一切，每件事都要照这个样子去做，总有一天你会变得出类拔萃！"

对于缺乏自信、胆小懦弱的人来说，我不知道还有什么能像持续地肯定自己的重要性、肯定自己的实力、肯定自己的天赋那样重要。一个人一旦看到他的天赋所在，一旦窥探到自己的潜力，就再也不会甘居人下，再也不会怀疑自己的王者之气了。问题在于，人们往往不能全面审视自己，连一半都达不到，他们没能准确衡量自己的才华，对人生的各种可能性估计不足。我们批判自己，歧视自己，贬低自己，因为我们没有看到我们内心那个更伟大更神圣的自己。

人的客观方面对主观方面有巨大的启发和激励作用，能够唤醒人的巨大潜力和创造性本质。在我们自身，潜伏着令我们震惊不已的巨大能量，那是我们做梦都想象不到自己可以拥有的，如果能够把它们唤醒并用于实践，我们的人生将发生翻天覆地的变化。

大多数人只是利用了这些潜力中的非常小的一部分，而剩下的那绝大部分正在等待着被开发出来为我们服务。许多人过了半辈子才由于某个危急时刻发现了自身的巨大潜力，而数不清的人则终其一生未能察觉这些力量。

许多家庭为了生存，一边做苦力一边还要忍受贫寒的生活，殊不知在他们自己的土地里就有大量财富——那里埋藏了丰富的矿产和石油。有无数的人，他们自身包含了强大的力量和广泛可能性，却从未开发和利用，这些人败于思想的贫困，死于意志力的薄弱。

矿工每天开采出大量财富自己却一贫如洗。无数人一生贫困却从没开发过自己的矿藏。我们的问题在于，我们没有足够大声地唤醒内心那个伟大的自我。我们太过胆小，太驯服，不敢大胆主张自己的要求。

“确定你想要的，它就会出现在你的生活中。”勇敢而自信地肯定你的需求，不用丝毫犹豫。

要主张获取你所需要的东西，强迫自己去追求那个目标；要保持你的意志力坚韧持久，因为这是实现目标的精神条件。整天游移不定的消极心态会让你一事无成。“通过不断地肯定来刺激我们的神经，不要抱怨丑恶，而要赞美一切美好。”

“我自己非常幸运。”沃尔特·惠特曼（Walt Whitman）说道。

有一种观点假设我们是我们期待之物和所获之物的真实化身，认为我们拥有的是我们渴望的好东西。这不是说我们拥有这些好东西的所有方面，而是说我们只拥有我们认为好的方面。如果我们只能认识到这种程度并且强调“我自己非常幸运，我自己就是这个宇宙的伟大创造性永恒法则的一部分，我的天父则是这法则的全部”。那么什么时候那些辛劳者境况才能得到根本的改变啊！

第十二章 破坏性提示和建设性提示

犯罪的人首先是因为心中有犯罪动机。在付诸行动之前，犯罪行为已经在执行者的心中演练了无数次了。

一个在纽约州的多个监狱服过刑的犯人曾经说道，他甚至从未想过会成为罪犯。但是他对在别人看来不可能的事情有天然的兴趣。当他路过一位富翁的府邸时，便不由自主地想出在晚上进入这个地方的各种方法，并最终进行了尝试。在所有人都熟睡之时，他在不同房间里穿行而决不会惊动任何人，他为此深深感到自豪。每次这样做的时候他都感到一种成就感，好像做了一件值得称赞的事情。他的行为，与其说是为了盗窃财物不如说是为了满足冒险的渴望。后来的发现令他不敢相信：他所做的都经过了自己的苦思冥想，到最后做这些事已经完全成为内在的需求了。当他第一次被捕时，他简直不相信自己成了罪犯。

这让我们知道在心中装着一个错误的提示是多么危险，它会成为我们的一部分，在我们意识到这个问题之前我们就按照自己的想法去行动。

专业窃贼在作案之前已经把各种细节在心中演练了许多遍。他们会想出巧妙的方法登堂入室，获取所需而不被人察觉。

他们老是想着作案以至于在觉察自己内心的不正常之前，他们的作案计划已经实施了。由于犯罪提示长期地发挥作用，便渐渐被包含到了生命整体之中，以至于犯罪者在发现自己已经成了阶下囚时震惊不已。在第一次思考这个问题时，他们之中许多人并没有意识到自己在进行犯罪活动，但是犯罪提示或者犯罪思维确实已经发挥作用。

谁能想象怀疑提示对纯真生命的巨大影响？想象一下，当老板始终对雇员心存疑虑时，那种影响是什么样的？

来自他人长期的不信任，确实会让雇员不再诚实可靠。第一次怀疑嫌疑人可能会使其变得不诚实，长期的怀疑如果扎根生长则会真的把一个人变成盗贼。"有什么样的定位就有什么样的行动"，这句谚语在现实中已经被无数次地验证。在还没有确凿证据之前就去怀疑一个人实在太残忍了。要知道他人的精神是神圣的，你没有权利以小人之心度君子之腹。许多人由于别人的冷漠和歧视而终日沮丧悲伤，郁郁不得志。所以不要轻易怀疑别人，就像你不想被别人怀疑一样。

许多人走到哪儿就把恐惧、怀疑和失败者思维带到哪儿；它们在心灵中扎根，让我们的心灵失去了应得的快乐、自信和成功。

由于外界的可恶评判，我们遭受苦痛、失败，并变成了外界所认为的样子，这是多大的人生悲剧啊！

总有一天，我们会对犯了错的人甚至罪犯多一些同情，因为我们会知道人类的心灵是多么容易受到他人可恶观点的影响。

许多由于小失误被投入监狱的青少年，受监狱里犯罪团伙影响而变成了铁杆罪犯。在监狱里，他们与所有善的东西绝缘，甚至连一本好书都看不到。由于不间断的犯罪提示已经在心中扎下根，他们被塑造得具有病态犯罪倾向。试想，如果他们不是被锁在牢狱之中，而是置身乡村中美丽的大农场，那里满是青山绿水，鲜花高树，再辅之以耐心细致的教育，大多数罪犯都是可以被改造好的。面对监狱铁窗，看到自己被隔绝于自己深爱的世界，失去了友情，失去了抱负，失去了所有正面的影响，这一切会令人沮丧不已，毫无斗志，以至于他们很快就接受了周围那持续不断的犯罪提示，和那些老油子一拍即合。

我们是心理提示的创造物。我们从报纸书籍，从一切和我们有联系的人那里获得心理提示。空气中充斥着各种提示，我们把它们送到我们的内心。换句话说，我们的性格由各种提示组成。

我们都知道一部戏剧或一本好书都会对我们产生巨大影响。我认识一位夫人，她读了一本她认为最悲惨最令人动情的小说，她说自己经常因为小说的情节伤心得在床上躺上一整天。这本书中的情感提示如此有力地抓住了她，以致她感觉自己生活在小说里面，自己就是小说里的人物。

我们经常可以很容易地把许多罪犯的行为追溯到他小时候阅读的小说，他从惊险的杀手和劫匪故事中得到了心理提示。

那些有犯罪倾向的人喜欢阅读犯罪小说和死里逃生的故事，他们是侦探小说的铁杆书迷。一些青少年读这种书走火入魔变得不正常了。他们事实上在培养着一种病态的犯罪偏好，在心中无数次地演练犯罪过程。

当丑闻、谋杀、自杀等心理提示以各种猖狂的形式日复一日地进攻你的心灵时，想象一下让自己沉溺于图片、动画和印刷品中的危险吧!

不久之前，西部地区的一位市长要求报刊停止包含自杀细节的报道，理由是这些报道已经在相关地区引起流行性自杀。

毫无疑问，许多罪犯都在服刑，而这些惩罚更应该由那些致使他们犯罪的人来承担。

下流恶毒的图片和小说在心灵中留下了邪恶提示，它用难以清除的卑劣玷污我们的灵魂。除此之外，再没有什么东西能够如此致命地破坏我们的生活理想、降低我们的生活水准了。

垃圾读物中的不良提示应该对大部分消极放荡的人群负责，对破灭的希望和遭罪的人生负责。类似的提示也存在于艺术中。许多内心污浊的艺术家因为贪财和虚荣，让他们的作品尽一切可能接近法律禁区的边缘。

让肮脏的提示进入心灵是多么可怕，如果年轻人认识到这一点，就决不会去读那些诱导读者走向末路的文章。他们不会去碰那些吸引读者挑战道德底线的书。即便使用艳丽的辞藻、诱惑的句式和令人浮想联翩的语言，那都只是为了更便利地玷污读者的灵魂。

我们都有过为文艺作品中的英雄人物振奋不已的经历。我们长期沉浸在英雄气概和自我牺牲精神之中，并非常坚决地向这些文学形象看齐，努力成为一个类似的英雄。这是一个极好的例子，说明提示的力量在我们一生中都持续发挥的重大作用。

让儿童处在充满快乐、赞美和爱的环境中是何等重要啊！老师告诉我们，在城市贫民窟的学校里，有些孩子是从来不会笑的，他们总是一副伤心沮丧的样子，这全是来自家庭的可怕影响；当忍耐、低俗、亵渎和污浊的提示持续影响人的心灵时，所有崇高理想都会黯然失色。

曾经有一群聪明健康举止优雅的小孩儿，由于寄养在一个野蛮粗鲁的家庭，他们性格的所有方面都被改变了。在那个家庭里，他们的心灵长期面对的提示以暴力蛮横为主，久而久之，他们的性格也随之变得冷酷无情，所有原来那些优秀方面都看不到了。

如果一个孩子从婴儿时期就把冷酷无情、自私自利作为持久的生存提示，那就不难解释他的这些性格特点了。甜美纯净的性格在充斥仇恨、嫉妒、自私的环境里是培养不出来的。爱由爱而生，这是放之四海而皆准的真理。爱不是在充满恨的环境中积累起来的；

无私和同情也不是在贪婪和冷酷的环境中培育的。领导了波士顿的伊曼纽尔运动（the Emmanuel movement）的艾尔伍德–沃斯特博士（Dr. Elwood Worcester），坚定地相信提示的力量能够塑造儿童的性格。他说：“改正孩子缺点的一个非常简单合理的方法是在他们熟睡的时候对他们进行善意的提示。

“我的办法就是轻声温柔地对熟睡的婴儿讲话，告诉他我想对他说，我说的话他都能听到，但是不会醒来。然后我说出必要的几个词儿，用不同的表达方式重复着它们。用这种方法我排除了孩子的恐惧并且纠正了他的坏习惯。我改正了孩子紧张抽搐、急躁、暴力和说谎的毛病，并且还使他们口吃的毛病有很大好转。”

在极大程度上我们是环境的产物；我们对控制心灵的提示是如此敏感，以至于通过自我提示我们可以对自身命运产生巨大影响。我们经常可以通过相反的自我提示去克服我们环境中的邪恶观念。趋向纯洁的自我提示能够迅速地消灭将你引向污浊的力量。代表正义和真理的自我提示能够迅速制伏非正义和错误的提示。

“作为一种治疗方法和提升自我的道德力量，”沃斯特博士说道，“自我提示的作用不能被任意夸大。它也会造成各种身体和精神上的问题，不过，如莎士比亚所说，患者自己可以对各种问题进行自我调整。对于那些痛苦和不幸的人来说，这种疗法简直就像福音书一样给他们带来了希望！对于那些成为自己或环境的奴隶的人来说，这种疗法给他们带来了更改现状的机会！”

其实这种疗法的道理很简单，就是以一种毋庸置疑的口气，大声地要求心中那个更优秀的自我，以此激发我们更优良的品质。然后我们内心就会充满一股仿佛来自上帝的跃跃欲试的强大力量。

当我们看到一个人如此卑微懦弱，仿佛他自己是人类中多余的一分子，仿佛他过的半辈子只是上帝对人类的诅咒，然而有一天他完全像换了一个人，或者是由于贵妇人垂青或者由于朋友的关爱，他变得充满活力而且一心向善。我们总是认为，这样奇迹般的转变肯定得益于某种外在的力量。然而我们错了，这只是他内心那股无时无刻不在等待被唤醒、被激发的力量帮助了他。当正确的提示以一种毋庸置疑的口气到来时，我们内在的神性必将有所反应。

那些运气不佳的人们往往是自己消极提示的受害者。只要他们能够用积极的、创造性的自我提示取代奴役自己的消极的破坏性的提示，他们就能百战不殆。

达尔文告诉我们，每一种精神状态都伴随着相应的形体语言，并且，如果你采取不一样的形式，就可能会经历不同的精神状态。例如，人们既可以通过暴力性的语言、攥紧拳头、摔门或其他方式来表达气愤的情绪，也可以因为这一系列的行为而产生气愤的心情。所以，通过祈祷的姿态让自己充满献身精神也是可能的。

一些人高兴地看到，他们通过自我提示的方法唤醒自身的潜力，从而持久地更新和提升了自己。他们和自己神性的力量如此接近以至于可以感受来自内在的快乐和激励!

我们经常惊讶地发现，我们内心潜藏着巨大的力量，它们被一本书或者某位独具慧眼的朋友激发出来，这位朋友看到了我们自己看不到的方面。

人类的头脑可以被或高或低，或平凡或崇高的任何一种提示力量开发出来。这个提示可能只是自己或他人的一句话，可能来自一本书、一幅画、一位朋友、一个敌人、一个卫兵、一个英雄形象，或者一个吝啬懦弱的家伙。总之，它可能来自各个方面，但是不管它来自哪里，它都对我们的人生留下了或善或恶的印记。

最高形式的提示是呼唤我们崇高的自我，要求我们认识自我。无论一个人有多么坏，他总还有好的一面。无论一个人在道德上堕落得有多严重，在他身上总还有从未被玷污的地方，这剩余的洁净最终将主张它的自然权利，并且以一种宏阔的力量回到它自身。

无论钞票上有多少灰尘，只要仍能辨认它是真的钞票，就仍然可以到市场上实现它的价值。无论一个人已经偏离正确的道路有多远，在他身上总有一些东西能够帮助他实现自身的价值。即使是监狱里最差劲的犯人，在他心中总会有一个理想的自己，总有一天，这个理想中的自己会帮助他达到自我实现的状态，那一天，他内心的上帝会取得最终的胜利。每个人都会在特定的时间、地点和心中的上帝达到完全的一致。国王的每个孩子最终都会继承这个王国。

第十三章

焦虑——时代的疾病

一些人被三种麻烦困扰着：他们曾经拥有的，他们现在拥有的，他们期待拥有的。

——爱德华·艾渥瑞特·希尔

一个能够驱除全世界所有烦恼的人，比历史上所有的发明家和探索者带给人类的福音都大！

我们美国人同情那些生活在恐惧之中的野蛮人，他们的魔鬼把他们装在凄惨的牢笼里，但是我们自己却被自身的魔鬼束缚起来了，它使我们希望破灭，幸福远离，在我们的快乐之上覆盖丑恶的阴影，惊扰我们的睡眠，毁损我们的健康，让我们的人生被凄惨愁云所遮蔽。

这个怪物从摇篮到坟墓都紧紧纠缠着我们，再神圣的时刻也会有它的存在，从婚礼到葬礼都不能阻止它的到来，每次宴会都少不了它的身影，每次会议都留给它一个座位。

焦虑迫使多少天才将生命浪费在平庸的工作岗位！穷尽人类的智慧也估量不出这无形的焦虑所造成的巨大损失！自从创世纪以来，与其他因素相比，焦虑制造了更多失败者，更多受伤的心灵，更多破碎的希望！

忍受着焦虑造成的紧张情绪，人们什么事情都能做得出！人们陷入各种罪恶之中，酗酒、吸毒甚至出卖人格，为的就是摆脱这个魔鬼的纠缠。

想想它瓦解了多少美满家庭，毁灭了多少雄心壮志，破坏了多少憧憬和期望！再想想多少人由于这个魔鬼而自杀！如果世上真有恶魔，除了焦虑和其他类似的情绪难道还会是别人吗？

然而，尽管焦虑带来了太多的祸害，一位逝者在回望这个世界时仍然会有这样的印象：焦虑是我们最宝贵、最有益的朋友，它离我们是如此之近，我们是多么地不愿意离开它！

我们都知道要想获得成功和幸福，必须具备良好的心理状态。然而，明晰这个道理的人们居然时刻把造成失败和痛苦的罪魁祸首放在心里，这难道不是一种怪现象吗？他们明知道焦虑和痛苦不仅会夺走心灵的宁静、降低工作的成效，而且会缩短宝贵的生命，然而他们却急切渴望它们的到来，甚至希望它们经常光顾自己的内心，这难道不是一种怪现象吗？许多强大的人物都被焦虑打倒了，像格列佛（Gulliver），他从没学过怎么克服烦恼和焦虑，最终被小小的烦恼捆住了手脚。

你见过一个老板愿意让窃贼为自己工作吗？然而人们恰恰就喜欢在自己的精神仓库中留下了这样一个窃贼，要知道，这个地方的贼可比那些偷盗钱物的贼可恶一万倍，他会偷光主人的精力、活力和意志力，使主人的生命失去意义。

你同情那些为了信仰以各种残忍方式毁灭自己的异教徒吗？然而我们许多人正在用各种精神刑具折磨自己。

我们常常自找麻烦，一生都在忍受机械重复的生活，这简直是人生的悲哀；我们主动地预测人生的痛苦，为了一些想象中的事情，我们的神经饱受折磨。

有一些女士朋友，她们每次收到电报都会紧张得双手颤抖，因为她们总会联想到，这次不是哪位朋友过世，就是发生了其他什么祸事；如果自己的孩子出去划船或野炊，她们就会不停地担心他们出事；她们自己工作时就会陷入狂热的焦虑，害怕什么祸事会从天而降。

因为过度担心孩子们的安全，母亲们整天把自己弄得紧张兮兮，以至于没有足够的精力去做日常的家务活儿。她们不明白为什么每天都感到这么劳累，她们从没想过自己宝贵的精力是被不必要的焦虑白白浪费掉了。

难道你不觉得奇怪吗？人们居然愿意让不必要的焦虑虚耗自己的青春，以至于事业未成已经过早地衰老了。看看那些年仅三十岁的女人已经皮肤松弛，满脸皱纹，这不是因为工作劳累也不是由于她们生活陷入窘境，而是由于家庭的争吵和冷漠，而这往往是她们习惯性的烦躁不安带来的后果。

我曾经在某本书上读到，一位女士制作了一个可能发生的不幸事件的清单，其中有些事她甚至认为肯定会发生，并将给她的幸福生活带来巨大灾难。后来这个清单丢失了，很长时间之后，当她再次打开这个清单，令她吃惊的是她所列举的这些灾难事件一件都没有发生。

这对焦虑者难道不是一个很好的提示吗？写下所有你认为将要发生的坏事，然后把这个清单搁在一边。你会惊讶地发现其中只有很少的事情是你真正会经历的。

最令人遗憾的是，那些热血男女们，虽然遗传了上帝的品质并且也承载了神圣的印记，却终日顶着一张焦虑不堪、恐惧和迷茫的面容，整天为现实中并不存在的事情忧心忡忡。

我注意到，在每天开进纽约的火车上，上班族总是满脸严肃，当火车进站时他们就会身体前倾，好像这样可以提高初速度以节省时间，许多人会在火车停稳几分钟之前就离开座位冲到门口。这种习惯性的焦虑、冷漠、紧张的表情说明，这是一种不正常的生活。

没有人能够用正常的力量驱散不必要的焦虑。没有什么像习惯性焦虑那样损坏一个人的活力和进取心，并且让人认不清自己的真正实力。

工作杀不死人，但焦虑却杀死了无数的人。真正做一件事所受的伤害远不如由这件事而来的畏惧对我们的伤害大。由于畏惧，我们不仅要在头脑中一遍遍地演练如何做好这件事情，而且还会联想到其中很多不愉快的细节。

许多人处理不愉快的工作的情形非常类似于一个长跑运动员，他起跑的地点离终点如此之远，以至于当他即将到达终点时，他已经耗尽了体力，连一条测试其灵敏度的小溪，都跳不过去了。

焦虑不仅损耗我们的活力，而且严重影响工作的质量，削弱我们的才能。当一个人的内心不舒服时，他不可能获得最好的工作成效。在大脑不听使唤时，肯定不能获得最完美的表现。一个出故障的大脑难以进行清晰、深入和富有逻辑的思考。当脑细胞被焦虑情绪毒害之后，我们的注意力就不能像血液纯净时那么容易集中了。埃尔默·盖茨教授（Prof. Elmer Gates）和其他知名科学家都认为，长期焦虑者的血液中含有有毒化学物质和衰败的组织。他们都通过实验证明有害情绪会导致分泌液中的化学反应，从而在人体内积累对健康有致命威胁的毒素。

脑细胞总是浸润在血液中，从中获取营养，当血液中添加了恐惧、焦虑、愤怒、仇恨或嫉妒等种种毒素时，这些脆弱细胞的细胞质就会变硬，并因此受到损伤。

最可怜的是焦虑会损伤我们的思考能力。它阻碍大脑的思考，以致焦虑者的工作效果非常差，就像对他的雄心壮志的讽刺，而这往往会导致酗酒或吸毒的恶习。大脑持续的不良状态会剥夺脑细胞自我更新的机会，所以一段时间之后，神经系统就会受到损害，焦虑者会遭受失眠症和其他神经病症的折磨，有的时候还会患上精神失常。

如果你至今一事无成，那就快点摆脱你的焦虑吧。你最大的敌人就是不必要的焦虑和担心。难道不是吗？一群苍蝇比辛劳的工作更让马儿神经紧张；不断的吆喝、鞭哨和勒紧缰绳比负重前行更令马儿焦虑。每日的大头针样的轻微心痛和微不足道的悲愤，都让我们的生活不舒服、不幸福，它们比我们从未经历过的巨大困境更能摧毁我们的斗志。

易怒的人们总是在责骂生活，苛刻挑剔他人，他们赶走了多少家庭的宁静和幸福！

一位上年纪的女士是习惯性焦虑症患者，她对自己的私人医生谈道："我的脑袋不顶事了，我没有精力去操心其他事了。"

很多人如果没有能力操心一些事情会变得更加难过。他们认为操心是自己的职责，如果不经常地操心自己的工作，他们就会认为自己不够敬业。

想什么来什么，担心自己有病的人，即使没有病也会自己想出病来。我们都知道，历史上许多大瘟疫的受害者都是自己把自己吓倒的。

盖茨教授指出，如果把注意力集中在一只拇指上，把它放在那儿，十分钟之后拇指就会充血，并且温度会比另一只拇指高大约两度左右。同样，当担心生病的恐惧思维持续困扰身体的某个部分时，类似的情形就会发生。

许多人长期担心令人恐惧的病症，最后变成了疑病症患者。如果他们恰好感到有一点反应迟钝或注意力分散，如果他们的思维不像最健康的大脑那样运转良好，他们立即会想到是不是大脑出现什么病症了。无疑，速食症的不良咀嚼方式很大程度上导致了消化不良，而这和美国人的习惯性焦虑有很大关系。

消化器官对心情特别敏感，一旦消化过程被焦虑困扰，整个人就会出现全身的机能失调。

焦虑和恐惧不仅会让青丝变白发，还会导致早期脱发——又称紧张性脱发；此外还会使面部失去弹性和光泽，“嘴唇脸颊和下巴都会迅速衰老”（达尔文）。

焦虑不仅让女人显得沧桑，而且确实让她快速衰老；它就像凿子一样，在脸上残忍地刻出各种沟纹。我见过的一个人就是被几周的焦虑彻底改变了，他的那张脸已经完全不同于以前，似乎变成了另外一个人。

最糟糕的情形是念念不忘当初的失败，这削弱了我们的进取心，使我们失去目标，没有方向。

一些人有一种不幸的习惯，他们纠缠于自己的过去，为了一些短处和失误不宽恕自己，以至于他们整个人生的注意力都集中在过去而非未来，在歪曲的光线下面他们看到了一切阴暗，因为他们只是在关注阴影。

那张关于过去的不幸画面会持续地制造麻烦，它在你的大脑中时间越长，扎根越深，也就越难以清除。

你听到过有人从焦虑中获得成功吗？它摧毁健康和活力，降低工作效率，顽固地在与你为敌，难道你会因为焦虑而处境改善吗？

我们确信，有一种难以控制的力量在这个世界游荡，那就是焦虑，每时每刻它都在让我们偏离通往成功的航线，它折损工作效率，让我们饱经失败！每一丝焦虑和烦躁都给我们的身体留下印记，在身体和精神世界之间制造不和谐因素。毫无疑问，这种状况和我们不断进取的意志相违背。

请不要焦虑，如果有这个坏习惯，一定要尽力改正，并且把它的害处告诉所有人。为了清理各种麻烦事，我们唯一愿意做的就是忘掉它们，将它们埋葬，而不是让它们继续祸害世人。

为了维持较高的健康水准，我们需要做很多事情去清除焦虑的诱因。良好的进食习惯，清净的内心世界以及充足的睡眠都能消除焦虑。异常的身体状况容易滋生烦躁情绪。如果你身体倍儿棒，居住环境清洁，各种烦恼都不会找到你。相反，都是那些暮气沉沉没有还手之力的人容易招惹来烦躁的心情。

我们看到，女人通过运动、美容和娱乐等各种方式抵御烦恼和焦虑的侵袭，很明显，她们并不知道，驱除焦虑的万能灵药存在于我们的心灵之中。所以，她们只能继续为消除焦虑的影响而焦虑。

其实清除焦虑很简单，只要保持快乐的心情，不妄自菲薄，不过多关注生活的阴暗面，养成乐观开朗的性格，烦恼自然就没有了。

如果进入自己内心时感到恐惧和焦虑，那就用勇气、希望和信心去填满它吧！不要让幸福和成功的敌人在你的心灵中宿营，去把潜伏在内心深处的那个吸血鬼赶出来！

当你知道解药就藏在自己的内心时，清除烦恼情绪是很简单的事情。你不需要到药店，也不需要去看医生，解药就在自己身上，已经为你准备好了。你需要做的只是用希望、勇气、愉快、宁静去代替沮丧、失落、悲观和烦恼。相互对立的想法是不可能共存于同一个人的身上的。一方的存在排除了另一方存在的可能。

帕提说："每当人们看到我的脸的时候，他们都会问我为什么我的脸上没有皱纹，我是怎么保持年轻的？我告诉他们每当我感到皱纹要来的时候，就会用放声大笑把它们赶走。而我对女性朋友的建议则是要'少烦恼，多散步，保持心情愉快！'"

第十四章

人类头上的咒语

恐惧让我们成为他人的奴隶，是独裁者束缚子民的枷锁。焦虑则是懦夫折磨自己的方式。

——长宁

恐惧是心情天空的一阵酸雨。它带来心理、道德和心灵的窒息甚至死亡，带来精力枯竭，让人止步不前。

——哈里斯·弗莱克

什么是恐惧？恐惧实际上什么都不是，最多只是精神幻想而已，因为在恐惧身后并没有现实的支撑。恐惧对于成人就像鬼怪对孩子一样，是看不到摸不着的。

除非控制我们的心灵，否则恐惧对现实没有任何影响。恐惧无处不在，像一个强有力的诅咒。虽然恐惧是纯精神的过程，然而我们到处都能看到被这个想象中的魔鬼征服的人们。

恐惧是毁坏美好人生的最极端的工具，它对整个人都有巨大的破坏性影响。它通过影响消化系统、削减营养供给、降低精神和身体的活力，造成贫血和危害健康。它抹灭人的希望，削减人的勇气，让我们意志消沉，什么事都做不成。

没有人能够一边满怀恐惧，一边把工作做得很棒。恐惧扼杀了独创性，使人循规蹈矩；恐惧抹杀了个性，削弱了人的思考能力。总是畏惧即将到来的危险是永远做不成大事的。通常恐惧表示的是虚弱和胆怯。心怀恐惧，就仿佛生活在肆意屠杀的年代，幸福和理想成了可怜的牺牲品，美好前程成为泡影！《圣经》上说：“破碎的心灵能压断骨头。”我们都知道心情压抑会抑制机体分泌液的生成，从而悄悄损害身体健康。

恐惧抑制正常的心理活动，严重削弱处理危机的能力，因为没有人在恐惧的支配下还能够保持清晰的思路或能够采取明智的行动。

一个心情忧郁并且在事业上屡遭打击的人，如果他对再次失败充满畏惧，害怕失败之后落得穷困潦倒，害怕让整个家庭也跟着遭殃，那么，在这些可怕的事情发生之前他已经在走向失败了。幸福前景与他无缘，因为他首先在精神上已经失败了。

相反，如果一个人不向恐惧投降，而是始终保持远大的理想，保持积极乐观的人生姿态，他就能以一种系统有效、放眼长远的方式经营自己的事业，随之，失败也就杳无踪影了。但是当一个人变得灰心丧气、畏惧失败时，他就不能鼓足必要的勇气去争取胜利，并且面前的道路也是越走越窄。

他难以避开眼前的这个恶魔，只得步步退缩。他的孱弱意志削弱了他的活力，降低了他的抵抗力，影响了他的办事效率，掏空了他的巨大潜力。

最可怕的恐惧，是预料到一些可怕的事情即将到来，这件事就像乌云笼罩在喷发前的火山口。

一些人总是受这样一些恐惧心理的煎熬：他们知道，一些不幸就要发生了，那会让他们失去金钱和地位；他们担心车祸或者担心自己正在患上不治之症；如果孩子不在身边，他们就会想到火车脱轨、汽车自燃或轮船失事等种种灾祸。他们总是在心中编织最可怕的情景。

“你说不清会发生什么事，所以我们要做好最坏的准备。”他们这样说。

我认识一位女士，她在好几年的时间里一直预感会有一场大灾难降临，她相信这将是一场严重得令人绝望的灾难，于是在这几年里她一直遭受着巨大的心理折磨。但是，当这个令她长期担心的灾难真的降临时，她惊奇地发现，自己挺过来了！

因为担心意外，我们遭受了多少痛苦的折磨啊！我们害怕在街上被汽车撞倒，害怕意外丧失劳动能力，害怕成为残疾人，害怕碰上列车事故，害怕船只失事，害怕被雷电击中，害怕地震……唉，我们什么都怕！然而，直到现在我们绝大多数都四肢健全，尽管我们一辈子都在世界各地旅行，许多人身上甚至连一块儿伤疤都没有。

我们多么顽强啊，居然一生都和恐惧这个魔头待在一起。

许多女士非常害怕蛇，到了乡下她们总是紧张兮兮。她们总是想着自己会踩到或者撞上一条蛇。这种恐惧心理毁掉了她们的假期，因为这让她们不敢进入树林或在草地上散步。

一些女士生活在有响尾蛇分布的地区，她们非常害怕撞上这些蛇，以至于从来不敢单独外出，她们整天担心看到这些恐怖的家伙。

那些到热带地区旅游的人们都非常害怕那里的有毒昆虫和爬行动物，以至于整天都提心吊胆。他们总是想到晚上这些恐怖的家伙会爬到他们身上去。

我认识一个生性胆小的男人，他非常害怕生病，整天因为不必要的担心把自己折磨得半死不活。一旦他觉得自己要感冒了，就会非常严重地认为这个病会重创他的身体；如果他嗓子痛，就会认为自己得了扁桃体炎，如果不抓紧治疗就会导致不能进食；如果由于吃饭过饱导致心悸，他就会认为自己得了严重的心脏病。

他过于担心自己的健康，甚至家人和朋友都厌恶他了。他总是要求关紧窗户，想更暖和些，他对自己太敏感，没有人知道他会想要什么。他的朋友都不喜欢带他参加集体活动，因为他太在意他的食物了，并且总是担心被烧死在旅馆中或者在火车和轮船上丢掉性命。

当然，这是一个夸张的例子，但是有非常多的人一生都遭受相似的恐惧。我知道有一些人，除了极少瞬间，他们从未感受到人生的快乐。他们像奴隶一样工作，为的就是赚足够的钱然后存起来，然而他们并没有享用过这些钱。在他们眼中生活糟糕透了，他们整天担心失去自己的财富，或者担心发生一些可怕的事情。

一生中最可悲的事，莫过于把精力浪费在没有根据的恐惧上了。

我们畏惧的那些东西都是从来没有发生过的。因为它不存在，所以它不真实。如果你确实染上了自己畏惧的疾病并因而饱受折磨，那么你的恐惧心理也只会加重你的病痛，并且很可能把你的病变得非常致命。

恐惧心理会折损人的寿命，因为它损害了人体的生理机能。事实证明，恐惧能够改变人体内分泌液的合成。恐惧不仅会让人过早衰老，而且导致过早死亡。

敏感、焦虑以及身亏体虚的人最容易遭受恐惧的折磨。我们都知道想象容易夸大事实，而那些敏感焦虑或身体虚弱的人们恰恰有爱幻想的习惯，他们总会想象出即将发生的最坏的情形。强健的体魄本身会赶走恐惧；而当身体失去活力、抵抗力下降时，恐惧则会找上门来，它引起的紧张则会令人痛苦不堪。

许多人长期生活在恐惧这个魔鬼的统治之下，以至于不能正常发展。例如那些小孩子，早在很小的时候，妈妈就经常提醒他们这样做或那样做会很危险，恐惧阴影持续地进入他们敏感的心灵，并最终扎根在他们的生命中。终其一生，恐惧都像个幽灵一样伴随着他们，伺机扰乱心灵的宁静，破坏幸福的前景。孩子被告知的每一样丑陋惊悚的事物都会像肉中刺一样折磨他一生。焦虑、恐慌、痛恨等情绪会把他们的心灵捆绑在特定的记忆上。

母亲根本没有意识到，给孩子脆弱的心灵灌输那些可怕的形象，是何其残忍！这些形象就像文字一样，刻在小树苗的身上，随着时间的推移，这些字会越来越深，越来越大！

一个正常孩子的身上是没有天生的恐惧倾向的，他更不知道恐惧代表什么意思。让恐惧这个魔鬼骚扰一生并非我们的宿命。恐惧只是我们的大脑创造出来的，是我们思想和行动的副产品。几乎到处都能看到恐惧留给我们的破坏性印记：未老先衰的皱纹，满头的银发，弯曲的背影，焦虑的面孔……这些无一不是那可怕的预感带给我们的。

一位知名神经学专家说过："我不得不无数次地承认这个悲哀的事实：只要懂得常识性的生理和心理卫生原则，至少百分之八十的恐惧症儿童是可以得到及时治疗的，而治疗的关键就在于不断地提醒孩子要更加勇敢！"

对于母亲和保姆来说，通过恐吓让孩子顺从比安慰和讲道理更容易些，而那些笨拙、无知、愚蠢的母亲更是经常利用孩子的恐惧，将之作为孩子服从的最有效、最便捷的方式。

"恐惧就像穿过生命之网的一根恶毒的线，从开始直穿到结束，"赫尔卡姆博士（Dr. Holcomb）说道，"我们生下来就进入了恐惧的环境中，在我们出生前，我们的母亲已经在相同的环境中生活了几周或几个月了。我们害怕自己的父母，害怕我们的老师，害怕我们的玩伴儿，害怕幽灵，害怕各种规则和惩罚，害怕各种医生。成年之后的生活是一种长期焦虑的状态，表现为温和的恐惧。我们害怕事业上的失败，害怕失望和失误，害怕公开和隐藏的敌人，害怕公共意见，害怕意外事故，害怕疾病，害怕死亡以及死亡之后的不幸福。从摇篮到坟墓，人就像动物一样四处游荡，并成为各种真实的或想象的恐惧的受害者。这些恐惧不仅有发自内心的还有来自封建迷信、自我欺骗、幻觉、错误信仰以及常见错误的。"

我们大部分人都是害怕自己的影子的傻孩子，在无数方面都极其弱智以至于难以高效地推进我们毕生的事业。

最近挤兑风潮的壮观场面（许多人彻夜排队）说明即使在繁荣时期，恐惧心理也会造成金融恐慌。虽然这种恐惧绝对是没有任何根据的，然而确实一度对金融业产生了巨大冲击。它开始于投机者和赞助人，这些家伙使用虚假资产去操控股票市场，以实现其自身不可告人的目的。

在此之前，整个国家资本运作良好，几乎没有人失业，任何人不管有什么才能，只要愿意工作都可以找到雇主。所有部门经济运转平稳，偌大的国家从未像如此欣欣向荣过。然而，正当我们享受前所未有的繁荣的时候，金融风暴却像晴天霹雳不期而至。

当几位重要的金融家在某个场合表现出信心不足时，稍微次要的金融家们立刻夸大这些担忧，并把他们的不安扩散出去，直到整个金融界都受到了震动。然后这种恐慌症像溪水一样流向大众，几乎在一夜之间，我们开始听到值白班的职工都在谈论股票的黑色时刻，几乎在任何地方——汽车里、大街上、股票交易大厅里——人人都在谈论金融问题，于是我们可以想象失业和饥饿已经向我们袭来。

换句话说，人们在关注着他们预计即将到来的情景，当然，这种心态也导致了这种情景的出现。如果他们愿意停止争吵转而真诚讨论，他们是能够制止这种精神恐慌的，因为信心几乎是万能的。当然了，恐慌经常是有现实原因的——比如谷物减产——但是，即便如此，危险仍然被恐惧严重夸大了，因为它总是预测现状会无限恶化下去。

我们多少人因为害怕他人的嘲笑和批评而深受其害！又有多少人为格兰蒂（Grundy）夫人和其他众人怎么看待经济形势而忧心忡忡！每采取一步行动他们都要承受对他人会怎么说的恐惧。许多人最害怕的莫过于他人的嘲笑了。唉，恐惧毁了多少人啊！恐惧靠扰乱心智，让多少人陷入犯罪的深渊，恐惧制造了多么可怕的人间悲剧！

有这样一个悲惨的故事：一位印度农民被他的医生朋友叫到了办公室。他料想，肯定是有什么好事，然而他很快发现，那里的神经科医生一直在探询他的精神状况。“我的天哪，约翰！”他对朋友大叫起来，“你是想把我送到疯人院吗？”在这之后，他陷入了沉默之中，很快又昏迷过去，醒来之后成了偏瘫，最后终于在几个小时之后死掉了。

一位荷兰画家为了完成素描，进入了一个充满骷髅和其他解剖学物件的房间。由于困乏，他很快就睡着了。突然他被地震惊醒了，当他睁开惺忪的睡眼时，正好看到那张摇摇晃晃的骷髅画像，这位画家被吓得破窗而逃！虽然没受外伤，但由于过度紧张他把自己吓死了。

有许多阵亡的士兵是被吓死的，他们误以为敌人击中了自己致命的部位，而实际上，子弹甚至并没有进入他们的身体。

新奥尔良的威廉·帕克博士（Dr. William E. Parker）讲过这样一个故事，他曾经护理过一个高大的黑种人，这个人是被救护车送到医院的。当负责救护车的医务人员吓唬他说，在战斗中他被致命的子弹击中时，尽管他高大健壮，脸膛黝黑，却仍然吓得脸色煞白，而且“他的心脏不时地痉挛，就好像已经处在了死亡的边缘”。经过检查，他的身上并没有出血的地方，但是这个黑种人却被告知有可能存在致命的内出血。他知道自己被子弹击中了，因为他看到子弹在衣服上留下的小洞，于是，他的恐惧不仅没有丝毫减弱而是更严重了。

事实上，子弹根本没有打进他的身体，而是被纽扣挡住了，当他脱下衣服时子弹掉在了地上。医生拾起变形的子弹给这位黑人看时，他几乎崩溃了。在一瞬间，他原本呆滞的眼睛立即焕发出感激之情，他高兴得合不拢嘴，重新变得红光满面，脉搏和体温也恢复了正常。

这位黑人从检查台上走了下来，向医生致歉之后，精神饱满地走出了医院。几乎难以想象，在几分钟之前他还是一副要死的样子。

有一种情形大家都知道，当一个人的双脚被固定在铁轨上，他自己也意识到火车正在呼啸而至而自己绝不可能逃脱时，死亡的恐惧会在他的血液中制造大量毒素，以至于他即便获救也难逃一死。

学校应该教授学生如何获得勇气，因为没有足够的勇气我们就不可能获得成功和幸福。勇气不仅能够弥补许多缺陷和弱点，还能让我们的优点充分发挥出来。

一个满怀畏惧之心的人不是一个真正的人，他只是一个傀儡，一具行尸走肉，是人类的失败。

放弃那些不必要的恐惧，就像放弃那些让你遭罪的错误想法。用勇气、希望和信心去填充你的心灵，你就能更快地看到胜利的曙光。

不要等到畏惧已经成了习惯才采取行动！不用考虑了，立即服用解药，你的敌人会马上逃跑！任何畏惧之心，不管有多强烈，不管在心中扎根有多深，都可以用它的对立面把它克服掉。

查尔摩斯博士（Dr. Chalmers）乘坐马车时，有一次恰好坐在车夫旁边，他注意到名叫约翰的车夫不停地鞭打落后的马匹。当他问约翰为什么这样做时，约翰回答说："那匹马因为害怕前面的白色石块儿畏缩不前，我用鞭子抽它就是让它记住，要不顾一切向前冲！"查尔摩斯博士回到家里，细心琢磨这种理念，然后写下了《论新理念的驱逐性力量》，认为要想赶走恐惧，必须首先在心中装下新的理念。

恐惧，无论以何种面目出现，烦恼也好，焦虑也罢，在一个充满了勇气、无畏、自信、希望和独立的心灵中都片刻不敢停留。恐惧来源于对自身虚弱的感知。只有当我们对自己应对可怕事物的能力不自信时才会感到恐惧。例如，我们恐惧疾病就是因为我们害怕自己不能战胜它。

拿破仑常常去疫区的医院视察，某些医院甚至是医生都不敢去的，探望病人时，他会把手放在病人的额头上，询问他们的病情。他的名言是："不怕瘟疫的人才能战胜瘟疫。"

杜克博士（Dr. Tuke）在他的杰出作品《论意志对身体的影响》中谈到许多疾病是各种形式的恐惧造成的。他认为："精神错乱、痴呆、各种肌肉和器官瘫痪、出虚汗、狂躁症、黄疸病、头发变白、秃顶、突然龋齿、严重贫血导致的紧张性休克、子宫疾病、畸形儿、丹毒和湿疹以及许多其他疾病，都是由各种恐惧造成的！"

他进一步说道："当黄热病、霍乱、天花、白喉以及其他恶性疾病在一个社会传播开来时，成千上万的人会变成自身恐惧的受害者！恐惧严重破坏身体的免疫力，从而提高了传染病的死亡率！"

在传染病的流行期，那些身体虚弱和恐惧胆小的人最容易成为疫病的受害者。他们通过听当事人讲、通过口口相传、通过来自报纸的真实画面，不断积累起严重的恐慌。在黄热病流行时期，人们的脑子里全是关于这种疾病的画面：黑色的呕吐物、疯狂的病人、死亡、绝望和葬礼。

赫尔凯姆博士（Dr. W. H. Holcomb）这位传染病专家认为，在极度恐慌中几乎不需要病菌就能让黄热病疫情全面爆发。恐惧本身就是一种传染病，它不需要演说或标语就能传播自己，它从一个人到另一人进行缓慢地扩散。所以，很有可能这种恶性传染病是由我们最好的朋友和助手带给我们的。

赫尔凯姆博士提到，1888年，黄热病在佛罗里达州的杰克逊维尔市出现时，所有南部各州都爆发了大规模恐慌。他说，这种精神恐慌遍及南方的所有小城镇和乡村。类似于在起火的剧场、下沉的轮船或溃败的军队中出现的情景也在这些地方上演了：几乎一夜之间，智者变成了傻瓜，勇士变成了懦夫，菩萨变成了恶魔。确实，还必须有黄热病的道德疗法才行。

一位著名专家说，在一种肺结核的个案中我们看到，经过几个世纪的恐慌情绪的作用，一种非传染性疾病可以转变成传染性疾病。毫无疑问，无数的人们在因恐慌情绪而极度糟糕的身体中发展了这种可怕的疾病。鲁密斯博士（Dr. Loomis）认为可以把肺结核归类为瘴气传染，然而传染之后的事情则是由恐惧来完成的。

最近，发生在俄罗斯的霍乱给我们提供了一个恐慌症的绝佳例子，这种情形在知识贫乏阶层那里尤为明显。那些被送到医院的病人很明显具有霍乱的典型症状，但是检查之后却发现他们什么病都没有，完全是恐慌心理在作怪。于是，圣彼得堡的官员不得不发布公告，以减轻公众的恐慌情绪。而在真的染上霍乱时，病人往往在染病十五分钟之内死亡，这同样说明极度恐慌提高了这种病症的致命性，因为恐慌会加速瓦解人体的抵抗力。

除中国之外，所有国家的宗教经典都赋予恐惧极高的重要性。过去，宣扬恐惧是为了精神控制，现在，则是为了训导本国人民。

我们所谓的“基督徒”很多只是名义上的，基督教世界的教义中混入了许多欧洲异教徒的迷信观念，为了威吓普通百姓，他们才如此重视恐惧。

想一想古时候布道者通过宣讲永恒的惩罚和不可原谅之罪而向他的教众所灌输的那些可怕的观念吧！那就像在孩子的脑海中映入恐怖图片一样可怕。

多少人的幸福因为害怕死后的惩罚被毁掉了！我看到有些母亲，

因为自己的孩子不接受永恒惩罚的教义、不相信造物者最终难以把自己的孩子带入和谐幸福的天堂，而苦恼了许多年。

谁能设想，永恒惩罚和地狱之火的教义给早期清教徒和他们的后代带来了多少的痛苦、焦虑和毫无根据的自责？无疑，古代的牧师真诚地相信用恐惧的大棒阻止犯罪是合情合理的，并且毫无疑问，许多人因为害怕永恒的惩罚而不敢违法乱纪；但是谁又想过它的危害呢？这些令人惊恐的提示带给善良的人们多么巨大的痛苦啊！如果在这漫长的年代里，所有教堂像重视恶的可怕后果那样重视用于改革和更新的爱的力量，人类一定会摆脱恐惧这个敌人的束缚，今天的世界也一定会更加进步。

我们大多数人都或多或少害怕某种东西，这个东西可能看得见也可能看不见。无数人被愚蠢的迷信束缚，被传统、“妖怪”和恐惧束缚，被运气好坏束缚，这些都是从祖先那里流传下来的。虽然作为蛮荒时期的荒诞的虚构，这些愚昧观念早已被教育和科学抛在了一边，我们却依然被愚昧观念奴役着。

甚至有许多人，表面上嘲笑愚蠢的迷信观念，而潜意识里仍然被它们影响着。例如，有不少的知识分子受到星期五和数字13这些迷信观念的左右。大概十来岁的儿童都不会愚蠢到相信几个数字能伤害他们的地步，而那些成熟的男人和女人却会像害怕强大的魔鬼那样害怕它们。一些旅馆没有标号为13的单间或套房，因为他们发现这些房间没人租，并且许多建造者不允许他们的房子标有这样的号码，他们用12.5代替。

想想这些无生命的标志牌或机械的数字，他们可能在无数的年代里都不能自己移动分毫，再想想它们竟然能改变我们的命运，或者让任何东西和我们的命运产生联系！如果数字13能够影响一个人，那它是怎么做到的？不可能有无源之水。这些数字能动吗？在它们身上有生命或力量存在吗？它们又能带来什么呢？它们知道什么吗？难道它们身上有智慧？有谁看到它们做成什么事了？

最以迷信著称的该数演员和歌手这个阶层了。最近纽约发生的一件有趣的故事，就是关于他们如何迷信数字13的。

曼哈顿歌剧院的意大利导演西格纳·卡帕尼尼（Signor Campanini）在10月13日带着一群明星大腕乘坐北德劳埃德汽船到了纽约港。尽管曼哈顿歌剧院的经理奥斯卡·哈默斯泰因苦苦哀求，无论是导演还是歌手都拒绝登岸，因为他们认为在13日登岸会带来厄运，他们不敢冒这个险。

“毫无疑问，这太不可思议了，”卡帕尼尼对记者说，“不过大部分意大利人和所有艺术家都避免在每个月的13日做重要的事情。如果我昨天晚上上岸，我会非常不高兴，我的夫人（Eva Tetrazzini）也会很不高兴。我们会担心这次曼哈顿歌剧节能否成功举行。这不是说我们把自己看作公司取得成功的最重要因素，而是说某些恐怖的灾难可能会通过我们带给公司。想到这些，无论如何我都不敢冒着厄运的风险在10月13日登岸。”

星期五又能对人产生什么样的影响呢？我们称作星期五的那一天，仅仅是对时间的机械的区分，仅仅是给每周的第六天随意取的名字，而取名字也仅仅是为了方便而已。

在星期五这个词汇里有智能、大脑、力量或者生命存在吗？如果没有，那么它又怎么能给你的事业带来灾难呢？然而，关于“不幸的星期五”的迷信观念仍然对无数人的人生产生了巨大影响。很多人决不会在星期五旅行或举行任何重要的活动。

还有一些人迷信预言家的鬼话。想想看，居然有数不清的人由于这些蠢货的残忍预言而意志消沉，信心全无！甚至一些聪明的人也被这些江湖骗子愚弄，他们在做任何重要事情之前都要咨询占星术家或预言家。如果丢了什么东西，他们立刻找到这些人寻求建议。

当你被告知，在某个年龄你会遭受不幸，某个时刻你会失去妻子和孩子，或者在四十岁你会死掉，听到这些话你作何感想？

难怪这些预言很多都变成现实了，因为这是一种科学法则——我们强烈恐惧的东西往往容易发生。

在拜伦小时候，一个算命先生对他说，你会在三十七岁去世。从那时起，这句话一直纠缠着拜伦，在他三十七岁那年他果然病了，他说自己没救了，因为这是命中注定的。这个坚定的念头摧毁了他对疾病的抵抗力，他向困扰自己的疾病投降了！就在最近，一个纽约人自杀了，因为他的占星图预示在他一生中，有三个日子会要他的命，这三天分布在十三岁、二十七岁和三十岁的某个月里。

要让那些被母亲精心照料的孩子相信世界上不存在鬼这种东西是不可能的。孩子们相信，各种活跃的妖怪一起居住在黑暗之中，并且如果他们胆敢一个人进入黑暗的地方，鬼怪就会悄悄把他们带走。许多南方白人都对这些迷信故事耳熟能详，这是他们小时候从无微不至的母亲那里听来的。

一个人就像容器，可以装入细致缜密的逻辑思维，也可以装入愚蠢无知的迷信思维。迷信不仅束缚野蛮人和未受教育的高贵种族，而且会纠缠全世界所有受过教育的聪明人。迷信总是经常伴随着无知；越愚昧的人越迷信；越开明越有知识的人越能摆脱各种迷信思想。

所有错误都是顽固分子，但是今天的学校和各种期刊报纸却是大量迷信思想的终结者。当一个年轻的学生开始思考自己的问题时，他睁开双眼，看到了自己过去的恐惧、愚昧和迷信，并为此深感羞愧。

治疗迷信和恐惧的最好药方是知识，是让自己明白迷信没有任何现实基础，它仅仅是想象力的创造物，是病态思维映出的一幅图画。真正健康的心灵不知道什么是恐惧。

如果恐惧在所有阶段都被剔除出人类的心灵，文明将会进入跨越式发展。恐惧这个可怕的幽灵，它阻断了多少人前进的脚步！由于它的存在，人们遭受了更多的痛苦、损失、不幸和失败，并且在人的一生中，它比任何实在的因素都制造了更多真正的奴隶。然而，尽管这个恶魔死死地扼住我们生命的咽喉，我们仍然可以像击败其他任何精神敌人一样将它征服，并将它彻底清除出我们的生命。

本书要告诉我们，真正掌握自己命运的是我们自己；通过相反的提示我们能够击败任何破坏我们幸福和快乐的敌人。它还告诉我们，在这个世界上没有向我们抛掷不幸的强大力量，相反，倒是有一种伟大的创造性力量始终提携我们、掩护我们、向我们抛掷所有幸福和庇佑，我们只需要打开心灵去迎接就够了！

未来的人们将不会被各种迷信思想束缚和阻碍。他们没有恐惧，因为他们会知道所有的恐惧都只是不存在的鬼魅，只是无知的孩子们用出格的想象力编造出来的。

第十五章

自制和冲动

“向我证明，”奥莉芬特夫人说道，“你可以控制你自己，然后我才能说你是一个受过良好教育的人；没有这一条其他所有教育都是无用的。”

“当你不能主宰自己的时候，你几乎什么都做不到。”

有很多人，他们有极高的抱负，有罕见的才能，受过良好教育，在几乎所有方面都表现卓越，但只是缺少了自制力，他们的美好前程就毁于一旦。

每天的报纸都会报道，一些人在盛怒之下挥出致命的一拳或残忍地扣动扳机，就在一瞬间他们失去了最好的朋友，失去了自己的生命或自由。

问问那些在监狱或收容所服刑的沮丧的家伙们，火暴脾气是怎样把他们送进来的。有多少不幸的人们由于一时的怒火牺牲了一生的自由，而那股怒火很可能一两分钟之后就会消失！在一瞬间扣动扳机，开了残忍的一枪，只是一瞬间，朋友却回不来了，他已然犯下了难以弥补的罪行！

唉，这些都是满腔怒火的时候造成的悲剧啊！

许多人因为坏脾气的爆发，失去了令人艳羡的职位，丢掉了千载难逢的机遇。可能就在这怒气冲冲的一瞬间，他把自己的工作和这些年所积累的经验全都抛到了脑后。我认识一位非常能干的编辑，他在这个国家最大最优秀的日报社工作，并且占据着最令人羡慕的职位。在大量的题材上他都是一个论辩有力、激情四射、技巧成熟的作家，同时他还是一位优秀的历史学家，一个古道热肠的人，愿意为任何需要帮助的人伸出援手。然而由于他暴躁的脾气，他几乎又是一个彻底的失败者。在盛怒之下，他毫不犹豫地放弃了自己的职位，全然不顾那是他花了很多年才争取到的。他认为能力是最重要的，然而他却四处碰壁甚至不能养活自己的家庭。在挣扎求生的时候，他必须明白：自己是坏脾气的奴隶。

我们到处都能看到坏脾气的受害者。他们那收不住的怒火点燃了自己，几乎在一瞬间就失去了花几个月甚至一生才得到的东西。他们不断地向上爬，然后又掉了下去！

我认识几位老人，他们的事业都由于火暴的脾气而难以打开局面。他们经常忍不住强迫持异议者接受“他们一丁点儿的想法”。无论这对他们自己的利益有多么不利的影响，无论事情有多么重要，他们都不会委屈自己的舌头和脾气。

当你发脾气的时候，给别人“一小点儿你的想法”是多么昂贵的生意啊！

有一位非常能干的商人，在气急败坏的时候，非要把他的想法说出来不可，从而亲手毁掉了自己的声誉和事业。他脾气上来的时候，几乎什么都说得出口。他呼喊员工的各种名字，无所顾忌地大喊大叫。他这种性格把员工都赶走了。这种脾气的人，是留不住任何人才的。

我见到过因满腔怒火失去理智的人，他们更像魔鬼而不像人。我记得有一个人，当被爆发的怒火控制的时候，他会砸碎所有能碰到的东西，甚至试图阻止他的人都不会有好结果。

在他暴怒的时候，我看到他用棍子和篱笆框猛揍身边的动物，几乎要打死它们。他的眼睛闪着绿光，就像疯子一样，所有了解他的人都躲得远远的逃命。在怒火旺盛的时候，他一下子变成躁狂症患者，似乎对自己在做什么一无所知。在怒火消失之后，虽然他非常强壮，但仍然感到累得够呛。

一个被难以控制的怒火操纵的人简直就是暂时的精神失常。他被内心的魔鬼控制了。只要不能完全控制自己的行为，就算不得精神正常。在那种状态下，他往往做出令自己后悔莫及的事情。许多人在被迫回头时，看到了一个满是伤疤、波折不断的人生，看到了一个难以言喻的羞辱的人生。这都是因为火暴的脾气在作怪，都是因为他们没能学会控制自己。

作家和艺术家都描绘过邪恶的激情——愤怒、嫉妒、报复和仇恨——在人生中扮演的破坏性角色。想想看，如果长年累月地想着怎么和想象中的敌人算账，以及如果整天等待时机去报复某个人，这对他的性格会产生怎样的影响？

想象一下，一次发脾气的暴力举动要消耗多少精力和体力，这远比几个星期的正常工作要累得多。想象一下，发脾气之后那种非常糟糕的丢脸、悔恨、自责的状态；想象一下，当我们重新面对自己时，我们已经丢掉了尊严，失去了感情，剩下的只有懊恼和悔恨。

爆发的怒火给人造成的伤害比醉酒还要大。在完好的人生里，仇恨与酒瓶相比留下了更深刻的伤疤；嫉妒、愤怒、难以抑制的悲伤比常年吸烟还要更严重地伤害人的健康；焦虑、烦躁、责骂的毒性比尼古丁更甚！

“今天，许多心灵由于怒火的灼烧而处于糟糕的状态。”

无疑，难以抑制的怒火会减损人的寿命。许多人在发脾气之后会颤抖好几个小时，完全不能进入工作状态。

我知道有一个家庭由于激烈的争吵完全把自己搞得一团糟。在盛怒之下他们几乎要把对方撕碎。他们经常突然之间变了脸色，然后像疯了一样大打出手。我们知道，饱含诽谤、揶揄、斥责、辱骂的争吵是不可能带来和谐的。

多少人在难以控制的情感面前任其摆布，甚至杀害自己的朋友或家人，而这些人在十分钟之前甚至没有一点儿要伤害他人的迹象。很自然，在狂怒的蒙蔽之下，再好的人也可能犯下邪恶的罪行。

有一位女士，在忍不住大发脾气之后，完全筋疲力尽了；许多天她都像孩子一样虚弱，剧烈的头疼和其他身体不适也随之而来，似乎在短时间内她已经经历了无数的磨难。

医生们都很清楚，剧烈地发脾气会严重冲击神经系统，导致病人在很长时间内心情沮丧。我见过一位女士，她在短短一年的时间里就被心中的这个魔鬼变成了另外一个人，她的朋友们几乎都认不出她了。

当愤怒控制了一个人的时候，就会让这个人的人生完全改变色调。一切事物都带上了令人愤怒的色彩。在盛怒之下，人的推理能力大大降低，受害者完全受这个思想魔鬼的摆布。甚至大脑结构都由于这个可怕的精神仇敌的存在而发生改变。

我们往往看到，一些人在心情激动的时刻突然与世长辞。无论何种原因的愤怒，其突然爆发都有可能使心跳停止，尤其对心脏虚弱的人更是如此。频繁地大发雷霆容易导致中风。剧烈的愤怒会在大脑中催生有毒物质，严重破坏大脑的健康。

我们往往由于一时的愤怒、嫉妒和仇恨，造成长时间的羞辱和懊悔。但是我们没有意识到，它还给我们的整个生理和精神系统，带来了难以弥补的创伤。

剧烈的情绪波动确实能改变人体内各种分泌液的化学成分，能够催生致命的有毒物质。由于精神力量总是悄无声息地起作用，所以我们往往意识不到它们到底有多强大。我们早已习惯于把各种疾病看作身体机能紊乱的结果，以至于很难把它们和精神状况联系起来。

很明显，剧烈的情绪波动会立刻影响到心脏，而精神物理学家也发现在情绪的剧烈波动之后，血液中会立即产生有毒物质。这就解释了，为什么在愤怒、恐惧、焦虑、妒忌或仇恨之情扫荡大脑之后，我们会感到如此压抑、劳累和紧张？——这是恶劣情绪在大脑和血液中留下的毒素在作祟。

一旦难以控制的情绪使神经中枢遭受持续的扭曲和破坏，任何强大的意志力都会向它屈服。只要你还在气头上，就会颠倒所有正常的精神和生理过程。你身上的所有的本能都在反抗暴风雨一样的冲动行为，你所有的心理机能都抗议冲动对它们的压迫。

像龙卷风过后的满目疮痍一样，暴躁情绪会给我们脆弱的神经系统带来巨大破坏，只要人们认识到这一点，他们就不会动辄大发雷霆了。由愤怒情绪产生的毒素在血液中循环，影响着全身的生命中枢。脆弱的脑细胞和神经组织以及所有内部器官都由于血液中的毒素而受到损伤。

为什么这么多人健康状况不佳，其中一个原因在于，血液中的毒素持续地损伤着细胞的生命。只要这种精神毒化过程还在持续进行，任何人都难以获得充足的寿命和卓越的生命力。

没有什么比不受控制的怒火、妒忌或各种暴烈情绪更能损伤脆弱的神经系统了。大脑和神经系统都应该在安静、平稳、和谐的状态下运行，只有在这种状态下它们才能为我们的工作和幸福做出最大贡献。但是，神经系统就像机器一样，一旦运转速度太快或没有正常润滑，抑或没有一个平衡轮保持运行稳定，它们很快就会自己把自己震坏。

那些以责骂、恼怒、发脾气为能事的人，已经让自己的坏脾气征服了自己，他们丝毫没有意识到，自己的坏心情已经潜移默化地损伤了自己，它们正在损毁着健康，侵蚀着生命。

脾气暴躁的人必须承认，他仅仅在某个时间段是人，而在剩下的时间里则是一个畜生；他心中的兽性经常跑出来随心所欲地做坏事，直到他能控制它们为止。然而对这部分人的教育和训练却是有问题的。

佐皮鲁斯（Zopyrus）这位心理学家说过："苏格拉底的相貌特征显示，他是一个愚蠢、野蛮、感性和嗜酒的人。"苏格拉底支持这种分析，他说："从体貌特征来看我是具有这些罪恶的，但是通过持续地修炼自己的德行我能够约束和战胜它们了。"

造物主在每个人身上都植入了神圣的力量，这当然不是那些恶劣的激情和特性所能匹配的。如果想开发和使用这种力量，那就决不能成为任何恶习的奴隶。

莎士比亚说过："如果这种美德你还没有，那就去获得它吧！"

爱默生也说："如果你想拥有一种美德，那就假设它已经属于你了，进入并占有这种角色，像一个伟大的演员那样，完全沉浸在自己扮演的角色之中。"无论你的弱点有多么严重，也无论你多么为之懊悔，请坚定持久地向相反的方向努力！树立一种理想，把自己塑造成充满建设性，有良好才能和品质的人，而不要让自己成为充满破坏性和各种弱点的人。获得任何东西的办法，只能是调动全部力气向它靠近；我们付出的努力和汗水决定我们接近它的程度。

如果你总是容易暴怒和发脾气，或者如果你因为一点点不悦就会把"所有东西都摔得粉碎"，那么，不要在懊悔自己的缺点上浪费时间，去告诉每个人你总是忍不住发火。努力像理想中的自己那样，保持镇定、谨慎、安静，用沉着冷静去平衡自己急躁的弱点。让自己相信，你不是一个暴躁、紧张、容易激动的人，你能够控制自己；你能自己保持镇定，不会因为一点小事儿就忘乎所以。你会吃惊地发现，长期保持一种平和、镇定、安静的姿态能够帮助你成为理想中的自己。无论发生多么令人恼火的事情，不论周围的人多么亢奋和吵闹，你都不会让自己失去控制。我们曾经的自己、现在的自己或将来的自己都来自我们思想的质量和力量。

坏脾气很大程度上是狂妄、自私和虚荣的结果，能够有这些头衔的人都会继续受坏脾气的支配！真正有男子气概、优雅高贵的人不会轻易释放“战争之犬”，因为它会迅速把我们最好的朋友变成敌人。

我们都知道，在血脉偾张、头脑狂躁的时候控制自己的感情和语言是非常困难的，但是我们也必须知道，成为情绪的奴隶是非常危险，非常致命的。它不仅让我们方寸大乱，降低效率，而且让我们饱受羞辱。因为，一个不能控制自己行为的人，必须承认他不是自己的主人。

从理性的宝座上下来、转而让自己受这头野兽的统治，即使只有短短几分钟，那也是非常危险的。许多人因为情绪失控日益严重，最终变成了永久性精神病患者。

想想看，作为宇宙之精华、万物之灵长——人，却从理性的宝座上退位下来，承认他暂时不是一个人了，承认自己不能控制自己的行为，允许自己做那些粗鄙低劣的事情，像奋力投掷标枪一样，去讥讽另一个毫无恶意的心灵！想想那种疯狂，它居然让一个人去打倒自己最要好的朋友，用最恶毒的话去伤害朋友之间的感情！

愤怒是暂时的精神错乱。当一个人被一头魔鬼牢牢控制时，他肯定变成了疯子，他不会考虑生命和荣誉，他会毫不犹豫地杀死自己最要好的朋友。

孩子们都能从经验中学会避开烫的东西或锐利的东西，他们知道那会烧伤或割伤自己；但是我们许多成年人却从来没有学会避开坏脾气，尽管那会让我们经受长达几天甚至几周的剧烈的痛苦。

那些懂得正确思维和自我控制的奥秘的人，也知道怎样保护自己免受像生理敌人一样的精神敌人的侵扰。他知道，当大脑被激情的烈火点燃时，暴躁和愤怒只能给这把大火增添燃料，他应该做的是平静地使用灭火器灭火，而这灭火器就是平心静气、和谐、宁静的思考。相反的想法会迅速地灭掉精神火焰。当一位邻居的房子着火时，我们没有带着油桶去救火，我们没有火上浇油，我们是用水救火。然而，当小孩子火气冲天的时候，我们还总是习惯于通过增加燃料来灭火。多大的苦难，多大的罪恶，多么难以言喻的折磨，我们本可以通过训练孩子学会自我控制，指导孩子进行正确的思考来加以避免的。

如果我们看到一个人身陷泥潭之中，并且竭力挣扎脱身，我们会毫不犹豫地上前救他。我们不会想到把他推到更深的地方，让他更加危险。但是不知为何，当一个人生气的时候，我们不是想怎么灭掉怒火，而是不断地火上浇油。那些坏脾气的人真正感激的是这样的人：一些事情他们本来没有能力做到，然而这些人帮他们做到了；在狂躁的情绪下他们本来会做令自己追悔莫及的事，然而这些人控制和阻止了他们。

下一次当你看到一个人心中的烈火即将爆发时，如果你知道他正在努力地克制自己，那么，你应该做的不是使劲儿地火上浇油，而是帮助他继续克制自己的怒火。

这样做不仅能够给他很大帮助，也能大大增强你自己的自制力。没有自制力的人就像没有罗盘的水兵——只能跟着海风四处漂流。每一次爆发怒火，每一次不负责任的想法，都像海上的风暴和浪头，以变幻不定的方向拍打船只，让他偏离自己的航线，再也不可能到达理想中的目的地。

自制力是人格中最本质的东西。自制力让我们能够刻意而镇定地直视一个人的双眼，即使在极端的挑衅之下也不为所动。这种力量是其他任何东西都不能给我们的。“我是自己的主人”这种感受如果经常出现，就能够给我们的人格增加尊严和力量，能够在各方面支撑和强化我们的人生。而这也就是思维控制的顶点了。

第十六章

快乐——上帝的灵药

快乐是上帝的灵药，每个人都应该沐浴在欢乐之中。忧虑、乖僻、担忧，都是生命的斑斑铁锈，我们的人生应该被快乐的油脂擦亮。

——奥列佛·文戴尔·哈马斯

“谈一谈快乐吧。这个世界已经够悲哀了，不需要增加你那一点儿。”

加利福尼亚的一位女士遭遇了巨大不幸，悲恸欲绝的她还饱受沮丧、失眠和其他类似问题的困扰。为了彻底摆脱让生活如此沉重的忧郁气氛，她决定建立一条规矩：不管有没有适当的情境，她每天都至少要大笑三次。同时她还训练自己，只要碰到一丁点儿可笑的事，都要发自肺腑地放声大笑；回到自己的家她也会自娱自乐。很快她就获得了绝佳的健康状态和快乐的心情，她的家也成了一个阳光快乐的住所。

只要人们知道快乐和笑声的医疗作用，一半的医生都会面临失业。

莱克格斯（Lycurgus）曾经在斯巴达餐厅树立起快乐之神的神像，莫非他认为笑声是最好的下酒菜?

笑声，无疑是最重要的天然大补药：它能调节紊乱的身体机能，让它们和谐运转；它是我们精神系统的润滑剂，能够防止单调、苛刻的工作带来的紧张和冲突。它是上帝赐予我们的礼物，它能保护生命、促进健康、产生欢乐、带来成功。

笑声，就像一个气垫，在生命的旅途上能减少震荡，在困难的时候能够让你舒心；笑声，总是健康的，它总是让所有不正常的东西都回归正常状态。笑声能治疗心痛，治疗生命的瘀伤，它是万能灵药。笑声能延年益寿，比起那些对待生命过于严肃的人，那些通过笑声让自己身心和谐的人能够获得更长的寿命。

为了回归正常，我们身上那些爱好快乐的力量必须被全部释放出来。笑声就是锻炼这些力量的方式，能够让这些力量获得自由，把人们从忧郁中解救出来。

书上曾经记载过这样一个人，他的笑肌瘫痪了，以至于他的笑声好像是从坟墓里发出来的。然而，就在生活压抑的美国，许多人尽管没有失去笑肌，也没有力气放声大笑了。他们可以尽力挤出一丝微笑，但是真正的开怀大笑对他们却太陌生了。他们整天处在追逐金钱的紧张环境中，各种事务让他们疲于奔命，他们让各种计划和时间表控制着，以至于根本没有时间去放声大笑。他们不知道朗声大笑的习惯还有药用价值；他们不知道笑声能够把头脑中的烦恼一扫而光，能够抵消忧虑、不安和巨大压力对人体的毒害，能够让人忘掉累人的麻烦事，能够消除摩擦和冲突，让这一辈子过得更划算!

对于那些丢失了开怀大笑的习惯的人，我要说：把你自己锁在房间里，练习微笑。对着你的照片笑，对着家具笑，对着镜子笑，对着任何东西笑，只有这样你那僵化的面部肌肉才能重新动起来。

在林肯办公桌的角落里，保存着最新的《幽默故事会》，他习惯于在疲惫、苦恼和压抑的时候，把它拿出来读上一章来放松心情。任何幽默故事，不管是清晰合理、充满才智，还是情节突兀、废话连篇，只要能给读者带来快乐，就是上帝送给我们的礼物。

笑声是成功的事业中非常重要的元素。许多本应成功的人今天却仍然躺在失败的墓穴中，原因在于他们对待生活的态度过于严肃了。他污染了身边的空气，让空气变得不健康，以至于不能充分施展自己的才华。

我们经常听到患有紧张性消化不良症的人（尤其是娇弱的女人）说，她们不明白，为什么她们出去吃夜宵或参加宴会时，尽管吃了各种自己不适宜吃的食物，在过后却从没有感到任何不适。

她们没有意识到那是因为她们心情改变了。她们度过了愉快的时光，她们轻松地交谈，随意地互相取乐，并开怀大笑。这种欢快的环境完全改变了她们的精神状况。当然这些先决条件也影响到消化和其他人体机能，因为笑声和欢快的心情是消化不良的大敌。任何事物，只要能够把消化不良症患者的注意力从病症上面转移出去，都能够改善他的消化状况。当她们在家里的时候，整天担心自己的健康，每吞咽一口食物都极其费力，当然就不能很好地消化她们吃的东西了。但是当她们在外面快活的时候，她们忘记了自己身体的不适，之后就会惊奇地发现她们吃得很好，并且吃完之后没什么不适的感觉。这整个过程都只是精神在起作用。

用大笑疗法或快乐疗法就可以治疗疾病，扔掉那些没用的药物，也帮医生省省账单吧!

“快乐施与人体的有益的力量，”桑德尔森博士（Dr. Sanderson）说，“……不是像药物一样人为地刺激身体组织，那会带来疾病的复发和更大的损伤；但是快乐的效果是一种完全来自身体内部的影响，它传输的渠道也是完全正常的，并且能够到达人体系统的各个部位。它让我们的眼睛更明亮，脸色更红润，步伐更矫健，能够增强维持生命的元气。快乐让血液循环更顺畅，让器官组织中的含氧量更高，它促进了健康而驱逐了疾病。”

快乐比所有的药物都更有效。一个快乐、热心、阳光的医生比所有药店的药都宝贵得多。我们经常看到，当病人恐惧和紧张的时候，医生的到来总能创造奇迹。沮丧、绝望都被他的安慰和自信的微笑赶跑了，并且好多次就连剧烈的伤痛也能因为他的鼓励而得到缓解。

当病人热切地望着医生的脸寻求希望时，没有什么药物比一个鼓励的眼神更有神奇的效果了。

一位朋友记得，当他还是小孩子时，老家的医生经常到他们家做客，医生的脸上总是洋溢着快乐和活力，从每个毛孔都散发着阳光的气息。因为这位医生，家里人都羞于得病，羞于认为上帝的完美作品（基督教认为上帝创造了人，人是上帝的作品。——译者注）需要被修补。

“医生一进门，”他说，“那所房子里的整个气氛就发生了变化。冬天里，当他撸起袖子烤火时，他的开怀大笑就会荡漾在整个房间里，只要他出现就比任何药片都更有效。不知怎么的，在我们去请他之后，只要一想到他会来，似乎就能把我们所有的烦恼都赶走。”

波士顿最成功的医生只开出很少的药。他那欢愉的表情能够减轻伤痛。他用希望代替绝望，用信心和令人愉快的宽慰代替沮丧，这样每当看到他，病人就会感到信心被提振起来，并且心中充满了更强的康复的决心。

许多人因为没有欢快的性格，整天沉默无语、死气沉沉，毫无趣味可言。再没有什么能像培养一种快乐的习惯那样，为生活、健康、幸福带来这么多的好处了。

全国各地火爆的轻歌舞剧场和其他娱乐设施已经表明，如今的经济社会对快乐有多么庞大的需求。大多数人没有意识到这种需求必须被满足，否则人性会被扭曲，人格会产生缺陷。

观看一次真正欢快的表演，会使你的整个身心经历一次脱胎换骨般的变化。在进入剧场之前，你满身疲惫和沮丧，脑子里乱得像糨糊，根本不能进行清晰的思考。当你从剧场回到家，你却变成一个完全不一样的人。

一位职场男士，在经历了一天的忙乱、气愤、劳累后，回到家里就像回到一个休息的港湾。陪孩子嬉戏，和家人或朋友度过一个快乐的夜晚，讲有趣的故事，听令人捧腹的笑话，这些都让劳累的心灵得到放松，让自己恢复到正常的状态。

彻底地开怀大笑一次，听一则有益心灵的故事，和朋友度过一个愉快的夜晚，就像在安静的夜里沉沉地睡上一觉一样，都能让我们更具有活力。这些经历，就像短期休假一样，感觉棒极了！

真正具有实在价值的东西，能够让一个人焕然一新，能够驱除头脑中沮丧的情绪，能够赶走恐惧、忧愁和焦虑。

我们不应该只看到乐趣和幽默的转瞬即逝，而应该同时看到它们对我们的整个人格有着稳定、持续、恒久的有益影响。

为什么不在我们的日常计划中安排一段时光专门用来消遣呢？为什么不把它纳入我们伟大的人生规划呢？难道我们为生存而工作就一定要满脸严肃和沮丧吗？

那些能够愉悦身心、令我们享受生活的事物，都充满了道德感，能够愈合我们心灵的伤口。没有人因为幽默遭受损失，倒是很多人因为它而生活得更好了。和面包一样，趣味也是维持人类健康所必需的食物。

幽默作家为我们的世界做出的贡献之大简直是难以估量的。他们赶走了忧虑和悲伤，减轻了人们的负担，让人们摆脱无聊工作的重负，使沮丧和孤独的心灵快乐起来。

一位以欢快言论著名的作家收到了一位女士的来信，信中说，作家的一首幽默诗歌拯救了她的生命。

任何人，只要能够为压抑的心灵带来宽慰，只要能够解除悲伤心灵的重担，就是做出了和文明的缔造者相同的伟大功绩。

多数人对生理和心理因素非常了解，而对欢快和笑声的价值却所知甚少。一位杰出的法国外科医生说过，我们应当培养孩子快乐的习惯。“鼓励你的孩子做一个快乐和喜欢开怀大笑的人，”他说，“畅快的笑声能扩展胸怀，让血液在身体内快乐地流淌。我乐于把自己托付给笑声——不是暗暗偷笑，而是整座房子都能听到的洪亮的笑声！”

我们意识到了训练职场思维的必要性，意识到了训练专业能力的重要性，但是却没有看到培养快乐的习惯也极其重要。事实上，再没有哪种教育比帮助孩子建立快乐的习惯更为必要了。孩子步入社会之前，最重要的前期准备应该是：训练阳光的心态和开发获取快乐的能力。

我们对孩子做的第一件工作应该是，教育他们自由而纵情地表达内心的快乐，就像食米鸟用自己的歌声让整个草原充满欢乐一样。压抑孩子追求乐趣的天性，就意味着压抑他们的精神和道德本能。如果被持续压抑，一段时间之后，快乐就会从孩子的内心消失。我们的妈妈们整天警告孩子不要做这不要做那，告诉孩子不要笑，不要闹，直至孩子们都失去了自己的天性，变成了小大人，而妈妈们却仍然没有意识到她们的教育方式的害处。

一位知名作家写道：“就像不开花的树木将来绝对不会长出果实，没有欢声笑语的孩子将来也只能庸庸碌碌。”在年轻人身上有难以抑制的对欢娱和玩耍的渴望，如果这些渴望被充分满足，让孩子待在家里也就不会这么难了。

对于孩子和你自己来说，快乐是这个世界上最便宜、最优质的药物。足够量的这种药物不仅能够节省医生的药单，而且能让你的孩子更加幸运。如果所有孩子都有一个快乐的童年，我们就不需要像现在这么多的监狱、精神病院和救济站了，或许连一半都用不了。

孩子玩耍的本能——喜欢有趣的事物——是如此的强烈，它是孩子本性中最必需的东西，如果被压制的话，就必将在孩子的人生中留下巨大缺憾。

温暖、快乐、幸福的童年之于一个人，就好比肥沃的土壤和温暖的阳光之于幼苗。如果早期的条件不理想，这株幼苗就会营养不良，即使在幼苗长大之后这种缺憾也是难以补救的。要么现在给予它最优越的条件，否则就永远不要给予。这条法则对于人类也是适用的。一个忍饥挨饿、心情压抑、诸事不顺的童年会让一个人变得低人一等。一个欢快、幸福、充满乐趣的环境能够开发出才华、智慧和各种潜力，而这些在一个冷漠、枯燥、压抑的环境下却只能蛰伏起来。

多少人的人生像沙漠一样空旷、苍白、了无生趣，那是因为他们的童年被剥夺了快乐的权利，因为他们童年的欢乐从来没有被开发出来过。他们年轻的生命被压抑着，所有可爱而有趣的事物都不属于他们。

我们到处都能看到由于童年时期缺少快乐而感到不满足、不幸福的人们。他们就像黏土变硬之后，对多么欢快的环境都不会有任何反应了。

欢快的娱乐形式对人的精神世界有着微妙的影响，它能强化和提高人的乐观精神。童年的快乐增强了我们的勇气、决心、抱负，影响了我们对人生的看法。幽默和乐趣就好像能产生一股微妙的液体，它渗透进我们的身体，清洁各种神经器官，将大脑中的麻烦事一扫而光，让我们重现活力。我们都感受过，一种健康的快乐情绪会带给我们焕然一新的感觉。

许多人整天想着自己的人生如何的不顺、可悲和不幸，他们总是看到事物里面丑陋、粗鄙、错误的一面，对他们来说，欢乐和幸福是遥不可及的奢侈品。

我曾经住在一位牧师的家里，在那里我好几个月几乎没听到有人大声笑过。这种让人整天拉长脸、表情严肃而凝重的宗教，本应是属于囚犯的，现在竟然发生在牧师的家里。对于这里的人们来说，这个世界对他们没什么用处，他们只是在等待即将到来的另一个世界。每当我笑出声来的时候，侍者都会提醒我：最好想想自己的死，想想怎么为死做好准备，那个时刻可是随时都可能到来的。笑声被他们认为是世俗之物，至于在屋子里玩耍，那更是绝对不允许的。

忧郁、庄重过去常常被看作神性的表现，但是现在看起来却类似于病态特征。忧郁和凝重不属于宗教，真正的宗教是充满希望、阳光、乐观主义和欢快情绪的，是快乐和美丽的。基督徒不应该呈现一副丑陋、做作、悲伤的表情。上帝教给我们的宗教是光明和美丽的。灿烂的阳光、田野中的百合花、空中的鸟儿、山丘、小溪、绿树、青山、峡谷……所有这些美丽的东西都是上帝告诉我们的。我们的基督教不是冰冷枯燥的而是充满快乐的！

快乐是这个世界伟大的奇迹创造者。它能大大增强一个人的整体力量，它能给人生赋予新的意义。只要还拥有快乐心情和乐观精神，你就不是失败者！如果一个人在遭遇了巨大挫折，前途灰暗、充满不确定的时候，仍然面带微笑全力工作，那么他必将是最后的王者！

“在我回来之前请笑对一切。”一位牧师在和人们告别时如是说。这对我们所有人都是值得记住的一句话。

第十七章

太阳钟的格言

在一个著名太阳钟的表盘上，写着这样一句话：“我只记录阳光的时刻。”如果把这句话作为自己的座右铭，每个人的人生都将因此而美丽。

如果我们能够把自己头脑中所有不愉快的记忆，所有带来痛苦、不幸、压抑、沮丧的记忆都一扫而空，那将是完成了一件伟业！如果我们的心灵只接受美好的思想——它激励我们的斗志、提振我们的信心——那么我们生命的效率将提高好多倍。

难道不是有这样一些人吗？他们生来非常不幸，不能记住生命中愉快惬意的事物。每当你遇到他们的时候，他们总会有一些悲惨的故事要告诉你，这些故事有的发生在他们身上，有的他们相信肯定会发生。他们告诉你的故事包括意外事故、死里逃生，包括遭受的重大损失和痛苦折磨。然而他们却很少提及万事顺利的日子和幸福愉快的经历。他们想起来的都是不如意、丑陋和混乱的情景。阴雨天给他们的心灵留下了阴影，让他们以为所有的日子都阴云密布。

而另外的一些人则恰恰相反。他们总是谈论人生中快乐的事情，谈论美好的时光和令人愉悦的经历。这些人其实经历过种种挫折和不幸，也失去了许多，然而他们很少谈论这些，甚至从不触及，以至于你误以为他们的人生幸运极了，他们的事业也顺利极了，以为他们从来没有任何敌人，所有人都对他们特别好。这些人是能够吸引我们，让我们喜欢的人。

把自己阳光的一面转向他人是一种习惯。只有长期保持爱、宽容和愉悦的心境才会养成这种习惯。同样，那种阴郁、吝啬、卑鄙的性格也是慢慢养成的。由于对一些事物长期持有冷酷、残忍、邪恶的想法，我们的心灵逐渐变得阴暗，以至于生命中只剩下了忧郁和沮丧。

一些人的心灵就像旧货店，里面既有价值不菲的货物，也有大量一文不值的垃圾，它们堆放得杂乱无章。他们的心里保存着所有东西——好的、坏的、不好不坏的统统堆放在那里。他们不敢扔掉任何东西，因为担心某个时候会用得着，以至于他们的旧货店被各种垃圾堵住了门口。如果这些人能够定期清理货仓，把所有垃圾和价值可疑的货物都扔掉，把剩下的东西都整理好，他们可能会积累起不菲的财富。但是遗憾的是，没有人做好这项工作。

清理掉那些精神垃圾吧！不要一辈子都背负着既不重要也无意义的东西。我们看到，那些智障的人总是非常困难地做事情，因为他们总是同时做好多事。他们就像那位极度认真的女管家，决不扔掉任何东西，总是害怕这些东西将来会用得着。她把房子里的任何一个壁橱甚至角落都装上了“将来可能会需要”的垃圾。对于她来说，扔掉所有垃圾会让她失去别人的尊重。

有时候我们偶然发现一些人的头脑就像公共马车。车夫既可能搭载一个漂亮的男人或女人——一种美好的品德，也可能搭载一个醉汉或一个恶毒的妇人。换句话说，车夫搭载他发现的每一位顾客，而从不在意这位顾客是好人还是坏人。而我们的头脑正是按照这种逻辑对各种思想——好的、坏的、不好不坏的——照单全收。它就像一块儿海绵，所有靠近它的东西都一概吸收。对这样的头脑来说，要保持清洁、纯净，不受敌人的思想影响，独立于冲突的思潮，抵制不和谐或让人泄气的影响，是完全不可能的。

最优秀的品质就是能够整理头脑中的东西，清除所有与自己为敌的想法；那些想法把冲突和争斗带入生活中，让我们的心情压抑、阴暗，阻止我们的进步。

头脑中笼罩着不悦和恶毒的想法是不能有效开展工作的。心灵的天空必须洁净，否则在工作中就难以产生激情、智慧和效率，也难以对工作中的问题有清晰的认识。

如果你想把你能做的事情做到最好，那就要让你的头脑中充满阳光、美丽和真理，充满愉悦、振奋的情绪。对于所有那些让你心乱如麻的东西，所有束缚你的自由、让你烦恼的东西，你要赶在被它们埋葬之前将它们埋葬。

精神的圣殿不是用来储藏粗鄙的事情的，它应该用作神的寓所，用作珍藏伟大的目标和远大的理想。

一个带有上帝印记的人，如果被低俗、粗鄙的思想所主宰，那真是一件令人羞愧的事情，有时候甚至被看作一种耻辱。总有一天，一个怀抱恶俗而污浊的想法的人会像偷东西被当场捉住一样感到羞耻。一个人一旦对自己获得了正确的理解，一旦认识到自己的伟大和尊严，一旦发掘了自己无穷的潜力，他就不会听任自己被精神敌人主宰一生。

我们要表达的不应该是纷争、粗鄙、虚伪、仇恨，而应该是和谐、美丽、真理、爱和幸福；我们要表达的不应该是部分，而应该是全貌。

忘记所有那些糟糕的经历吧，我们从里面得不到任何有益的东西，它们只会阻碍我们的进步，让我们沮丧不安。只有学会忘记这些东西我们才真正学会了生活的艺术。无论你犯下了多大的错误，都应该把它忘记，永远埋藏起来。既然你已经吸取了其中的教训，不停地把它挖出来就没有任何必要了。要想真正利用你不幸犯下的错误，那就以此为起点争取以后做得更好吧！

整天念念不忘自己的伤痛、不幸和失败，能给我们带来什么好处呢？想象自己被人蔑视和侮辱会得到什么回报吗？

对于这些折磨自己的想法和经历，我们能做的只有一件事，那就是把它们抛到脑后；像把窃贼从你的屋子里扔出去一样，把它们清除出你的脑海。对这个威胁着我们心灵的宁静的敌人，我们再也不能纵容他了。

如果你性情冷酷，对他人抱有不良意图，如果你竭力要和伤害过你的人算账，或者你正在遭受猜疑、嫉妒和仇恨的折磨，一定要把这些像邪恶敌人一样的破坏性情感、不和谐的情感驱逐出自己的心灵。对自己说："这样做太不够男人了，这样做太不够朋友了，这样做简直不是人；这是些低俗丢脸的想法；这些想法不应该来自一个努力为捍卫某种理念而奋斗的人。"

只要你怀有仇恨、猜忌、报复、忧伤、焦虑或恐惧的情感，就肯定会遭受它们的折磨——就像旅行者一直会遭受鞋子里面沙砾的折磨一样，只有把沙砾从鞋子里清除出来才能得到解脱。

对他人怀有任何不满和仇恨都会让我们的内心承受巨大的损失。它让我们变得粗鄙、野蛮、充满兽性。另一方面，怀有一种仁爱、利他、慷慨行善的心胸，能够让我们拥有高贵的人生和美好的品质，能够丰富我们的心灵。我们的思想会给生活着色。我们心里什么样，就会对他人表现为什么样。如果我们的内心充满仇恨，我们就是一个满是复仇火焰的人；如果我们心中整日想着报复他人，我们会表现出复仇者的气质。我们总是在趋向于理想中的自己。我从来没见过一个真正善良的人会对他人怀有卑鄙龌龊的想法，或者，总是在批评别人，怀疑他人的动机，把问题归罪于他人的粗劣、自私。

不要走到哪儿都很奇怪地挑剔和侮辱别人，不要对任何人怀抱恶意的感情。这样的想法会毒化你的大脑，会刺伤和腐蚀你的心灵。心中的苦楚就像酵母，会在全身发酵。长时间念念不忘苦痛的事情会削弱你的活力，使你没有足够的能力去做那些值得做的事情。这些都是青春的死敌，是幸福和成功的死敌。你不能让他们在你的心里化脓，那会剧烈地折磨你的心灵。

忘记那些令人不悦的过去吧，那些烦心事会降低你的效率，损坏你的工作。不管它曾经多么严重地伤害了你的自尊，一定要把它彻底忘记。你最大的目标应该是进步，在人生的竞赛中让这么多垃圾拖你后腿，这样巨大的代价你根本承受不起。你需要用尽所有的力气争取这场竞赛的胜利。为了主要问题的解决，要节俭地使用自己的力量，让每一分力量都发挥它应有的作用。

要暗下决心忘掉轻蔑或伤害，做一个宽宏大量、仁慈、包容的人，不要对他人怀有恶意，要始终记住大多数人都心地善良，不会蓄意蔑视或伤害你。向所有人表现你宽厚仁慈的一面。无论他人可能对你做了什么、说了什么，始终以愉悦的心情面对他们，显示你的友好和利他精神。学会对他人的动机持宽容态度，你就会看到它惊人的效果，不仅是对你自己，甚至对和你有联系的人，也同样如此。

对你的敌人始终保持仁慈和同情的态度，并且乐于帮助他们，这会像酵母一样在他们的人格中产生作用，用这种方法让他们变好比寻求报复快一千倍。

我们钦佩的往往是这样一个人：他给所有人都带来欢乐，他经常谈论的是人们友好的一面，他在自己的伙伴身上看到的是不朽、完美的一面，而不是邪恶、龌龊的一面。

我们还应该记住那些不友好的话，因为，如果我们要学会忘记的技艺，必须要学会喜爱我们曾经讨厌的东西，赞赏我们曾经鄙视的东西，帮助我们曾经阻拦的东西，夸奖我们曾经批评的东西。

好的会排除坏的，高的会排除矮的，更大的动力和情感会排挤较小的动力和情感。好要比坏强得多。

一位曾经遭受巨大痛苦的女士说过：“我下定决心绝对不会让任何人因为我的遭遇而难过。在本应该哭泣的时候，我放声大笑。在面对每一次不幸的时候，我面带微笑。我努力让每个从我这儿离开的人都充满希望和快乐。快乐是幸福之母，如果我当初只是单纯地抱怨命运，结果肯定不及现在幸福！”

当你陷入深深的忧郁、失望、焦虑，几乎准备放弃你一直为之奋斗的理想的时候，你有没有遇到过这样一个人？他快乐、自信、幽默，由于他的影响，似乎整个世界都在几分钟之内变了样子，所有阴暗的东西都消失得无影无踪了，受他的感染，你也变得幽默风趣，心情开朗，好像完全成为另外一个人。这都是因为你的想法发生了变化，你的心灵中出现了更强大的动机、感情和观念。只要我们明白，这种更强大、更高级的动机会把较弱小、较低级的动机驱除掉，我们就会通过对立面替换的方式，迅速地清理掉心中怀疑、绝望、焦虑、紧张和游移不定的阴云。

只要忘却那些于已不利的想法，它们就不能伤害到我们，更不能控制我们。正是因为抱有这些想法，并且反复地强化它们、思考它们，才使它们在我们的心中深深地扎下根来。

防止错误的最好方式是心中充满真理，清除纷争的最好方式是内心充满爱与和谐。

和谐是自在自为的创造性力量。总有那么一天，我们首先教给孩子的将是如何对抗心中的敌人：告诉他，为了驱逐魔鬼和邪恶的阴影，我们应该在希望和真理的照耀下生活，应该寻求心灵的宁静与和谐。他会得到这样的知识：美丽与真理、欢快与和谐、善良与健康会排除它们的对立面，就像水可以灭火一样简单。

第十八章

种瓜得瓜，种豆得豆

思想是命运的别名。

选择了你的思想，剩下的就是等待命运——

因为恨随恨而来，爱由爱而生。

——埃勒·威乐·威尔卡科斯

“美好的思想会铸就优雅善良的处事习惯，这反过来又造就和谐舒适的心灵环境。”

人们都知道种瓜得瓜，种豆得豆，绝对不可能种下的是玉米而收获的却是小麦。然而当面对我们的心灵的时候，人们却完全忽视了这个道理！

当我们种下了忧伤和妒忌的种子，我们凭什么期待收获快乐和幸福呢？当我们种下了疾病的种子，我们又怎么能够收获健康的果实呢？

我们都认为，只有精神失常的农民才会在田里种满苣荬菜之后，期待着收割小麦。但是，我们自己却在种下了恐惧、焦虑、忧郁、怀疑等各种想法之后，为不能得到心灵的宁静大惑不解。

我们因自己的想法而获得丰收，其道理和农民种瓜得瓜的道理是一样的。玉米种子只能长出玉米。一个人获得成就的大小取决于他种下什么样的想法。

就像农民不会因为种下苣荬菜而收获小麦一样，一个种下失败思维的人绝对不会收获成功。如果他播种了乐观、宁静、健康、纯洁和真理，浇灌了充裕、兴旺、信心和希望，那么他一定能收获与之对应的成功；但是如果他种下了冲突的种子，他就只能收获争斗不止的环境。

和谐是优势，纷争是弱点。悲观的思想就像田间的苣荬菜，会阻碍庄稼的生长，破坏农民的收成。

如果我们认识到，精神法则就像生理法则一样，是符合科学规律的，我们面对的那些巨大难题就显得非常简单了。我们头脑中的每一种思想都是一粒种子，到了成熟的季节，我们收获相应的苣荬菜或玫瑰，杂草或小麦。

我们的人生是由头脑中的那些种子决定的。如果我们种下了风的种子，肯定会收获风起云涌。如果我们播种关于丰饶充裕的思想，我们会收获相应的富足。但是，如果我们在心中种下吝啬、狭隘、失败的思想，我们就只能收获贫穷了。换句话说，我们能否在一生中有所斩获，取决于我们的思想。当我们看到一张自私、讨厌的脸的时候，我们就知道这些来自他自私、邪恶的品行。当我们看到一个人镇定自若，而脸上又洋溢着对别人的热情鼓励时，我们知道这来自他内心的和谐、利他的思想。

在这个世界上，如果有哪条法则被屡屡强调，并被置于其他所有法则之上，那一定是这条“爱由爱而生”的法则，它放之四海而皆准，并且亘古不变。

我们以为，只有精神失常的人才会用刀子割自己的手臂，看着鲜血流得满地都是。实际上，我们这些所谓的正常人，每天都在用诸如仇恨、报复、怒火、妒忌这样的精神尖刀摧残精神自我，如此而浑然不觉。

每一种感情都是一粒种子，都会长成参天的大树，但是品性决不会改变。如果在精神的种子中含有毒液，那在这株参天大树的果子里也必然含有这种毒液，它将摧毁我们人生的幸福和价值。

如果你把自己出卖给欲望，肯定希望能收获相应的回报。一个把自己委身于自私自利的人，只亟亟于索取而从不想到给予，就不要抱怨自己只收获了苣荬菜和荆棘，那是他应得的。生活就是这个样子，有什么样的付出就有什么样的回报。事实上，我们很多人经常提出要求而从不想付出代价，当然，我们就只能获得与自己的付出相匹配的那一部分，因为这个世界是一个大银行，只有存钱的人才能取钱。

后来者将会明白，如果他想要获得大丰收，就既不能播下失败和贫穷的种子，也不能浇灌沮丧和多疑的肥料。他想要什么样的庄稼就应该播下什么样的种子。如果他想收获美好、愉悦、可爱的性格，他应该播下善良、利他和爱的种子；他会知道，如果他播下仇恨、猜疑、苦涩和报复的种子，他只能收获丑陋不堪的毒草。

后来者将会科学地生活。他会明白，只有一种方式能够让身体和谐、充满活力和力量，那就是播下与健康相匹配的种子。他对自己思想的品性了如指掌，正如播种之后农民清楚地知道自己会收获什么。

身体只是思维的表象，除此之外再不是其他。一个拥有美好、仁爱的思想的人，他的身体不可能不是和谐健康的。即使暂时出现身体不适，其康复也只是时间问题，他很快会获得令人艳羡的健康。有一个绝对永恒的法则：爱由爱而生！

窃贼对失窃家庭的伤害远不如对自己的伤害严重。他只是影响了受害者的生活，但却用有毒的武器刺伤了自己的心灵。我们不可能有意伤害别人却不伤到自己，这是我们的本性决定的。如果我们想善待自己，那我们首先要善待别人。我们在攻击自己的邻居时不可能不伤及自己。这是基督告诉我们的处世哲学。在基督降临人间之前，人们践行“以眼还眼，以牙还牙”的法则，但是在基督出现之后，他教育我们，受到攻击也不要还手。“汝等已经听说了，要以眼还眼，以牙还牙；但是我要告诉你们，去抵制这种恶念。如果有人打你的右脸，就把左脸也转向他。”

“汝等已经听说了，要爱你们的邻居，恨你们的敌人。但是我要告诉你们，去爱你们的敌人，祝福那些诅咒你们的人，帮助恨你们的人，为那些利用和迫害你们的人祈祷。”这些是像化学和数学一样的科学法则。

后来者将会看到，执拗地报复真实或想象中的敌人，沉溺于仇恨和复仇，只会削弱他自己的力量、伤害他自己的事业。

当婴儿把手放到火焰或热炉子上时，疼痛会告诉他不要去碰这些地方。那些折磨我们身心的想法已经让我们受够了，我们应该明白，为了报复别人，我们付出的太多了。当我们明白之后，自我保护意识会让我们远离这种想法。

我们可能抱怨今天的处境，但是这只是昨天种下的恶果，我们难以逃避。要想明天有不一样的收获，最好的方式就是在今天播下不同的种子。我们做的每件事，头脑中闪过的每一个念头，都是我们扔进土壤里的种子，肯定会长出相应的果实。许多人抱怨，自己收获的全是荆棘、苣荬菜和野草，但是如果他们回想一下自己的人生就会发现，他们以前种下的乃是自私、妒忌、猜疑的种子。如果他们种下慷慨、善良、快乐和爱的种子，他们肯定会有不一样的收获。

总有那么一天，一个聪明的人宁愿把手放在火焰里也不会让自己沉迷于对别人的残忍、猜忌、嫉妒的念头之中。

未来的人们不会用邪恶的念头折磨自己。他不会用猜忌和仇恨刺伤自己的心灵，就像孩子不会把手放到火里面，因为他的手被火焰灼伤过，他会避开造成疼痛的那些罪魁祸首。

图书在版编目（CIP）数据

心态决定人生 ／（美）马登著；李凌静，白联磊译 .
北京：北京理工大学出版社，2010.2（2022.7 重印）
ISBN 978-7-5640-2973-9

Ⅰ．①心… Ⅱ．①马…②李…③白… Ⅲ．①人生哲学－通俗读物
Ⅳ．① B821－49

中国版本图书馆 CIP 数据核字（2009）第 244679 号

出版发行／北京理工大学出版社有限责任公司
社　　址／北京市海淀区中关村南大街5号
邮　　编／100081
电　　话／（010）68914775（总编室）
（010）82562903（教材售后服务热线）
（010）68948351（其他图书服务热线）
网　　址／http://www.bitpress.com.cn
经　　销／全国各地新华书店
印　　刷／三河市中晟雅豪印务有限公司
开　　本／640毫米×965毫米　1/16
印　　张／12.5
字　　数／216千字
版　　次／2010年2月第1版　2022年7月第2次印刷
定　　价／39.80 元

责任编辑／严志娟
责任校对／陈玉梅
责任印制／李志强

图书出现印装质量问题，请拨打售后服务热线，本社负责调换